U0155327

鸣　谢

辽宁盘锦 福德汇 Food way 文化传播发展有限公司

对本书出版的支持

EN ROUTE HERBS &
SPICES

香料植物
之旅

徐 龙 撰文
Xu Long

孙英宝 绘图
Sun Yingbao

北京大学出版社
PEKING UNIVERSITY PRESS

图书在版编目（CIP）数据

香料植物之旅 / 徐龙撰文；孙英宝绘图 . — 北京：北京大学出版社，2021.12
ISBN 978-7-301-32596-4

Ⅰ .①香… Ⅱ .①徐… ②孙… Ⅲ .①香料植物—普及读物 Ⅳ .① Q949.97-49

中国版本图书馆 CIP 数据核字（2021）第 200413 号

书　　　名	香料植物之旅
	XIANGLIAO ZHIWU ZHILÜ
著作责任者	徐　龙 撰文　孙英宝 绘图
责 任 编 辑	郭　莉
标 准 书 号	ISBN 978-7-301-32596-4
出 版 发 行	北京大学出版社
地　　　址	北京市海淀区成府路 205 号　100871
网　　　址	http://www.pup.cn　新浪微博：@北京大学出版社
微信公众号	通识书苑（微信号：sartspku）
电 子 信 箱	zyl@pup.pku.edu.cn
电　　　话	邮购部 010-62752015　发行部 010-62750672
	编辑部 010-62707542
印 刷 者	天津图文方嘉印刷有限公司
经 销 者	新华书店
	880 毫米 ×1230 毫米　A5　11.5 印张　153 千字
	2021 年 12 月第 1 版　2021 年 12 月第 1 次印刷
定　　　价	88.00 元

刘华杰序

香料主要来源于植物，也有少量来自动物和菌物。香料主要用于食物，如食品保存与菜品增香，也用于治病、香薰、环境灭菌等。

关注香料，一方面可从实际、食用角度满足我们的口腹之欲，另一方面可从博物、科学角度满足我们的求知之欲。对香料的追求，与近代地理大发现、全球贸易、资本主义扩张有着直接的联系。当中国开始迈向小康社会，百姓的生活品质稳步提高，对香料的关注、需求、热情也迅速增长。

通常，香料并不是生活必需品，但是香料的恰当使用和香料文化的发达可以令人们的生活丰富多彩、锦上添花。近期有关香料的中文图书多种多样，种类快速增加，比如

《香料角逐》（2008）、《食物与厨艺：蔬・果・香料・谷物》（2013）、《看图识香料》（2014）、《天然食用香料与色素》（2014）、《香料传奇：一部由诱惑衍生的历史》（2015）、《吃香料》（2016）、《香料包里的秘密》（2017）、《热带香料饮料作物复合栽培技术》（2017）、《餐桌上的香料百科》（2018）、《天然香料主成分手册》（2018）、《DK 香草与香料》（2019）、《香料漂流记：孜然、骆驼、旅行商队的全球化之旅》（2019）、《香料图解全书》（2019）、《香料贸易与印度尼西亚班达群岛的陶器演化》（2019）、《味觉密码：香料的作用、使用与保存》（2020）、《香料咖喱图解事典》（2020）、《中国香》（2020）、《丝绸、香料与帝国：亚洲的"发现"》（2021）、《香料植物资源学》（2021）、《香料香草料理日志》（2021）等。其中，绝大部分是翻译过来的，中国人写作的较少。

徐龙与孙英宝合作完成的这部《香料植物之旅》，自有其特色。在我看来，它有如下特点：第一，描述香料的种类适中，共有 63 种，同时提供了对应的英文名称。绝大部分是常见种类。我看了一下，除极个别之外，我本人在日常生活中都品尝过。第二，文字描述简洁而准确，包括植物的分科分属、植物形态、香料的用法和相关文化信息等。第三，为每种植物都绘制了精彩的科学手绘图，清晰展示了植物的形态和分类特征，便于读者认识自然状态下的植物原貌。书中还针对每种香料，配备了有趣、诱人的相关菜品图片。因而可以说，它是一部界面友好、集知识性与趣味性于一体的优秀博物学文化、植物知识普及读物。

徐龙与孙英宝是我的老朋友。我知道他们多年来一直努力以自己的方式有效地传播植物学文化，推动公民博物学的发展。我相信，这部书也会受到读者的欢迎。

每个人都有自己嗜好的特别味道，人们对香料的选择一定是多样化的。一个人特别喜欢的，另一个人可能不喜欢甚至厌恶，这都很正常。

读者阅读此书后，可以注意收集相关的香料信息，在保证安全、不破坏生态的条件下，甚至可以开发自己喜爱的香料植物。

大约十年前我在夏威夷访学期间，有过一点儿有趣的经验。那里的山坡上经常可以见到一种桃金娘科野生的外来植物多香果（*Pimenta dioica*），英文名称为 Allspice，字面意思便是，此一种植物就包含有多种香料（如肉桂、丁香、肉豆蔻等）的味道。书上说作为香料只使用其成熟的果实，但我发现其新鲜的叶也非常棒，一年到头都可以采收，用它来炒鸡块、炖肉都不错，满屋飘香。后来许多人跟我索要这种多香果叶子。但是，晒干的多香果叶子就不可以作为香料使用了，基本没什么味道。好在，附近的山坡上有许多，随用随取，不必囤货。

在国内，我发现野生的伞形科植物辽藁本（*Ligusticum jeholense*）的根有特殊香气，也尝试采集用作香料。2018年我到云南勐海考察，一下子就喜欢上了那里随处都有出售的伞形科植物刺芹（*Eryngium foetidum*），当地人称它大香菜、香菜。勐海还有一种野生的唇形科植物水香薷（rú）（*Elsholtzia kachinensis*），当地人称它水香菜，每餐似乎都离不开它，而它就是一种普通的野草。

说到这里，我又想去云南啦。明天是中秋节，做菜得用点特别的香料，想起冰箱中还有一袋云南产的冰鲜的黑松露（一种生于地下的块菌）。

祝读者朋友心情好，胃口好！

刘华杰

（北京大学教授、博物学文化倡导者）

2021 年 9 月 20 日

布拉卡尔序

香料植物一直在许多文明中起着至关重要的作用，不仅可以为菜肴增香添色，而且可以抚慰身心。

随着时间的推移，大航海航线的开通、新大陆的发现、大规模的殖民、十字军东征等，使人们对香料知识的多样性有了更丰富的了解，而我的朋友徐龙先生的新作《香料植物之旅》，将带领我们一起踏上体验香料植物的奇妙旅程。

我对徐龙先生的才华心悦诚服，他不仅是一个声名显赫的大厨，并且学识渊博，在世界美食领域著述颇丰，享有盛誉。作为人民大会堂西餐厨师长，徐龙先生也是世界御厨协会中的一名卓越成员。世界御厨协会由服务于世界各国元首的"御厨"组成，如同美食界的 G20。徐龙先生曾两次接待来自世界各国的御厨协会成员访问中国，使他们领略了中国美食的丰富多彩，为他们的旅行留下难忘回忆。

每当我有机会邀请徐龙先生参加世界御厨协会的会议时，他深厚的文化底蕴、好奇心及开放的思想，以及参与和融入世界御厨协会这个友好团体的热情都给我留下深刻印象。世界御厨协会的格言是："如果政见使人们分离，美食的餐桌则使人们相聚。"

吉尔·布拉卡尔（Gilles BRAGARD）
（世界御厨协会创始人兼秘书长、《厨师中的厨师》作者）

De tous temps, les herbes et les épices ont tenu un rôle capital dans de nombreuses civilisations pour parfumer les mets et soigner les hommes.

Au fil du temps l'ouverture de nouvelles routes maritimes, la découverte de nouveaux territoires, les grandes invasions, les croisades ont enrichi la connaissance et la diversité des herbes et des épices et c'est ce voyage que mon ami le chef Xu Long nous invite à réaliser avec *En Route Herbs & Spices*.

香 料 植 物 之 旅

J'ai beaucoup d'amitié et d'admiration pour le chef Xu Long, qui est non seulement un grand chef mais également un grand érudit dont les ouvrages font autorité dans le monde de la gastronomie.

En temps qu'Exécutive chef du Grand Hall du Peuple de la Chine Xu Long est un membre éminent du Club des chefs des chefs qui réunit les chefs cuisiniers des chefs d'états du monde entier et est considéré comme le G20 de la gastronomie. Le chef Xu Long a reçu en Chine à deux reprises ses collègues du monde entier pour leur faire découvrir la richesse des cuisines chinoises au cours de voyages inoubliables.

Chaque fois que j'ai eu la chance d'accueillir Xu Long à l'occasion des réunions des chefs des chefs, j'ai toujours été impressionné par sa grande culture, sa curiosité et son ouverture d'esprit et son intégration au sein de l'amical communauté que constitue le Club des chefs des chefs dont la devise est: «Si la politique divise les hommes, la bonne table les réunit.»

Gilles BRAGARD
(Fondateur et Secrétaire général, Auteur du livre *Club des chefs des chefs*)

王鲁湘序

跟徐龙先生只见过一面，是在一次朋友聚餐上，人很少，就四个，因此有机会听他讲香料的故事，以及他如何关注香料的相关知识并开始写作有关香料的文章和专著。

这让我很惊讶，因为，香料的知识是很偏门的。虽然徐龙先生是人民大会堂西餐厨师长，也就是民间所称的"国厨"或"御厨"，他因为工作和职业的关系当然要经常接触香料，但是，我们都知道，中国菜有些菜系是不怎么使用香料的，凡是吃过法国菜、意大利菜或者印度菜、泰国菜的人，都能通过比较而清楚地了解这一点，因此，在有关烹饪的书籍中，中国人写的香料书很少，因为缺少实践，需求又不足，自然兴趣也寡淡。

从文化和历史的大维度来说香料，当然是篇大文章。

岂止是大文章，直谓之史诗可矣！人类使用香料的历史可追溯至史前几万年。由于发现某些植物的味道令人愉悦甚至兴奋，于是乎就拿它们来敬奉神，以这种看不见摸不着的馨香去取悦同样是看不见摸不着的神，这就是信仰的起源，仪式的起源，精神的起源，文明的起源。当然，敬奉神之后是献祭者们大快朵颐，愈发觉得味道香香是一件神人皆欢的事情，于是愈加琢磨，认真料理，荤素搭配，五味配伍，饮食从果腹这样的基本需求进化成了一种享乐的文化，如何调制烹煮出五味杂陈的菜肴，既日用自食，又宴饮宾客，就成了小到一个家庭大到一个国家的大事。所以我们看古今中外许多著名的艺术品，主题竟然都是大大小小的宴席以及庖厨！

可惜寒、温带的香料植物并不繁盛，而这些地带的文明程度往往又较高，人相对富裕，对香料的需求和追求更盛，于是就产生了跨越半个地球的香料贸易。这是最古老的贸易之一，或者说是古代世界最重要的贸易。全球化或许就是发轫于欧洲人到亚洲获取香料的贸易行为，葡萄牙国王让达·伽马远航印度的主要动机就是要带回那里的香料。我们中国人熟知的"海上丝绸之路"，或者日本学者称呼的"海上陶瓷之路"，欧洲人更习惯称之为"香料之路"。因为，在15世纪到19世纪的几百年里，通过海上贸易从亚洲运往欧美的大宗商品，除了茶叶、瓷器、棉布，就是香料。

对于烹饪我是外行，但一道好菜需要好的香料来佐味提味发味的道理我还是懂的。古人云"治大国，若烹小鲜"，这个烹，有没有包括配佐香料呢？我想一定是有的。如果没有，那又如何理解商周几位贤相都出身厨师这件事情呢？

徐龙先生又一本论香料的图书出版，嘱我为序。灯下漫笔，东拉西扯，勉为其难，还请海涵。

王鲁湘
（中国国家画院研究员、著名文化学者）
辛丑仲秋

徐正纲序

这部《香料植物之旅》徐龙筹备多年，我也期待许久。他从历史、餐饮文化、烹饪应用的角度介绍解读香料植物，深入浅出，轻松易读，有趣也有意义。

徐龙是人民大会堂西餐厨师长，也是《环球美味》多年的好朋友和忠实支持者。作为《环球美味》的专栏作者，他为杂志撰写了许多关于香料植物的精彩文章，其中关于其起源、香气、风味的挖掘和分析，更是受到国内外读者们的欢迎，其中不乏美食家、烹饪专业人士以及餐饮经营者。

与此同时，徐龙连续多年担任《环球美味》卓越大厨烹饪大赛决赛评审团的评委，致力于不断鼓励和帮助中国的年轻厨师以及来自世界各地的参赛选手提高厨艺水准，追求卓越，精益求精。

在这里，我代表《环球美味》感谢徐龙对于推进餐饮文化交流所做出的努力。《香料植物之旅》的出版开启了他又一段旅程的起点，他依旧在探索、学习、分享。我们很高兴能够与徐龙一路同行，为大家的共同目标而努力。

徐正纲（Ricky Xu）
（《环球美味》出版人）

En Route Herbs & Spices authored by Xu Long is a much-awaited addition to his brilliant exposés on the subject. His presentation in terms of the history, food cultures, and diverse culinary applications behind herbs and spices is very interesting and meaningful, yet an easy read for one and all.

Xu Long, the current Executive Chef of Western Cuisine at the Great Hall of the People of China, is a long-time friend and loyal supporter of *Global Gourmet*, a leading monthly, bilingual food, beverage, and hospitality publication in China. Xu is a regular columnist on herbs and spices, and his comprehensive commentaries on their scents, aromas, and flavors are always of great interest for both our local as well as international readership, including gourmands, culinary professionals, and restaurateurs.

Further, his long-standing membership on our Supreme Jury for our annual *Global Gourmet* Chef par Excellence Culinary Competition has always contributed to raising the bar of culinary excellence among each new generation of chefs in China as well as those participating chefs from around the world.

Herein, *Global Gourmet* pays well-deserved tribute to Xu's selfless contributions to culinary craft artistry for all those who appreciate the wit and wisdom of his columns, books, master classes, and cooking demonstrations, which he continues to conduct across China with our publication.

Ricky Xu
(Publisher, *Global Gourmet*)

自　序

作为厨师，我在工作中几乎每天都会用到香料，它们在菜品中发挥了重要的作用。最初，我在这方面的理论知识储备十分浅陋。记得二十多年前，当有朋友真诚地向我讨教豆蔻、草豆蔻、小豆蔻、红豆蔻及肉豆蔻的区别时，我还曾煞有介事地讲解一番，事后回想，很是汗颜。为了搞明白这个问题，我开始有意识地逛书店、跑图书馆，学习和收集相关资料，也逐渐了解到，在今天看来并不起眼的每一种香料的背后，都有其独特的历史和传奇的故事。

当我得知平常烹调料理中最常使用的辣椒、桂皮、丁香、八角、肉豆蔻、月桂叶、孜然、姜、蒜等都是舶来品时，我有些难以置信。虽然这些香料在中餐里已使用了上千年，但它们绝大多数都是外来物种。这令我感到新奇，不亚于发现新大陆。而我国本土原产的香料植物，只有葱、花椒、陈皮、木姜子、紫苏、韭菜、水芹和鱼腥草等，寥寥可数。

众多的香料植物是如何在不同历史时期、通过何种途径来到中国并被各地菜系广泛利用？它们对我国的饮食文化又有哪些影响？是什么原因使它们曾身价高昂，成为历史上重要的经济商品？它们对世界格局的发展和改变起到了什么作用？这些疑问激发了我的好奇心和求知欲。为了探知它们的前世今生，我为自己设定了一个小目标，即：创造机会去追寻香料植物，去它们的原产地走一走，看看它们生长的环境、植株的样子、收获的过程、加工的情况及相关文化的形成。大约十年前，我就开始着手进行我与香料植物亲密接触的这个计划。

首先考察的是香料植物最集中的产区东南亚。我来到泰国曼谷的水上集市、新加坡竹角中心的小印度市场、马来西亚马六甲、菲律宾国家农业部的香料种植中心及印度尼西亚的爪哇岛，凡是能找到香料植物的地方，我都会争取前往一览。在这些地方，我接触到了众多新鲜的热带香料植物，嗅其芳香使我陶醉，我也集中地品尝了用新鲜的香料做成的特色菜品，奇妙的味道更令我难忘。

还记得在丁香和肉豆蔻等香料植物的原产地印度尼西亚，我第一次见到新鲜丁香和肉豆蔻时激动的心情。站在高大的丁香树下，仰望粉红色的丁香花蕾，它们比书中彩页上的更加娇媚。摇曳在枝头如同杏子的黄色肉豆蔻果实刚刚开裂，若隐若现露出里面网状鲜红色的假种皮，以及包裹在假种皮里面的种仁，令人神往。我急忙按下快门，留取资料。

这两种香料植物曾随着历史的洪流，在殖民者追逐利益的驱使下，被迫移居他乡，并由此形成那里的支柱产业，而我则如追星族一般，鬼使神差地沿着它们的移植轨迹，追踪到东非的桑给巴尔和加勒比海的格林纳达。这两个地方现已成为世界上最著名的香料产地。桑给巴尔几乎家家户户种植丁香，空地上成片晾晒着褐色的丁香，场面壮观，阵阵芳香随海风飘散。在格林纳达，肉豆蔻种植已是当地人的主要经济来源，肉豆蔻还出现在其国旗上。

即使是在欧洲短期工作和学习期间，我也不放过走访香料店的机会。巴黎的共和国广场一带，小巷子里的香料店铺设计得充满了古典风情。伦敦诺丁山街头的香料小店，号称经营着来自世界各地的几百个品种的香料。在意大利、瑞士、德国、荷兰、比利时、圣马力诺、梵蒂冈及列支敦士登，随处可见各种形态的盆栽香草，用于装点美化家庭厨房的窗台及街心花圃。

在澳大利亚的布里斯班及新西兰的尼尔森，周日集市上，一些小众香料植物，如柠檬马鞭草或琉璃苣，让我着迷。在美国，位于加州纳帕谷的美国烹饪学院（CIA）供教学的香草园里，分门别类的香草品种之齐全，令人叹为观止。加拿大蒙特利尔酒店平台上的迷你香草园，也叫人留步驻足。

在西亚，我每到一地，都会关注当地香料的历史、文化及餐饮用法。古波斯文明的发祥地伊朗，伊斯法罕的波斯烤肉配上番红花米饭，艳丽味美。在约旦，领略了佩特拉古城的壮观后，品尝名菜"曼沙夫"和阿拉伯咖啡，小豆蔻的异香驱走了旅途的疲劳。以色列耶路撒冷老城狭长石路的两侧，犹太人、阿拉伯人和亚美尼亚人的商铺里，五颜六色、堆积如小山的各种香料，吸引着朝拜者和游客的目光。在土耳其伊斯坦布尔，充满异国情调的埃及香料集市人头攒动，似乎在述说昔日奥斯曼帝国的辉煌。

在北非，摩洛哥马拉喀什的露天大市场上，大大小小的香料店比比皆是，五彩斑斓的香料被店主精心堆砌成如火箭般的尖筒形，是香料店的招牌装饰。这里仿佛是香料的天堂，各式各样的香料与柏柏尔人的日常生活、饮食息息相关。

俗话说：行千里路，胜读万卷书。通过实地考察、深入探究，我完全沉浸在香料植物的神奇世界里。

在搜集全球特色香料的同时，我也专门收藏了世界各地研磨及加工香料的用具、盛器和手工艺品，更注重购买有关香料的专著。在我收集的百余种与香料有关的书籍中，有三分之一是不同语种的外文专著，中文书籍中有许多是繁体字或简体字的翻译作品，也有一些从栽培、加工等角度探究香料的原创作品。我发现，几乎没有从科学、历史、文化及烹饪应用角度，综合性地介绍香料植物的中文原创作品。

　　在香料植物知识的海洋中，我为自己所撷取的朵朵浪花感到陶醉、愉悦。在许多疑问解开后，有了与更多人分享的想法，于是我开始尝试学着写一些小文，陆续发表在《中国烹饪》《中国食品》《新西餐》《环球美味》《饭店美食之旅》《名厨》《餐饮世界》等杂志及《中国食品报》《中国妇女报》《劳动午报》等报纸上。我也曾接受邀请，在中央人民广播电台"都市之声"（现"经典音乐广播"）的《月吃越美》《乐活四九城》及北京人民广播电台"文艺广播"

的《快乐超级旅行》《吃喝玩乐大搜索》、"交通广播"的《旅途》等栏目中宣传介绍香料植物及餐饮文化，在北京电视台生活频道《食全食美》、卡酷频道《父母学堂》和旅游卫视《畅游北京》等栏目中与观众交流，展示和制作利用香料的美食。除此而外，也利用"厨之道美食""本草博物""丝路方舟 SiRA"等公众号传播香料植物知识及美食文化。

香料植物是一个巨大的宝藏，这本小书只是略微揭开了其神秘的面纱。关于香料植物，还有更多的惊喜，有待不断探索和发现。

香料植物给予我的太多，不仅给予我知识、给予我力量、给予我目标，也给予我朋友！

徐 龙

前　言

自古以来，香料植物在世界各民族中都得到广泛应用，其功用有祭祀、供奉、治病、防腐、沐浴、美容、矫臭赋香和调味等。

香料植物的品种很多，气味也不尽相同。针对不同的用途，利用的植物部位也不一样。如药草经常会选择植株的地上部分、根部或整棵植株；调味品则多选择叶、茎、花、果实或种子；制作香料除叶、茎、花、根、果实、种子外，还会选择皮、花蕾、柱头及豆荚等。

中国人把香料植物应用于日常生活已有几千年的历史。早在《周礼》中已有香料植物的记载，《神农本草经》中记述了 250 种左右的药用香料植物，明朝李时珍在《本草纲目》中系统叙述了多种香料植物的来源、功效、加工和应用。

古印度、古埃及、古希腊、古巴比伦等文明古国，也都是较早应用香料植物的国家。

香料植物在全世界都有广泛分布，但以南亚、东南亚、中美洲等热带地区为主产区。

大多数香料植物都含有芳香性挥发油、抗氧化剂和杀菌素，不仅可以起到杀菌、消毒、驱虫和净化空气的作用，而且也有调节中枢神经的作用，有益于人体健康。如薄荷类植物的清凉感，可以醒脑提神。因此，香料植物是传统医学的重要组成部分，有不少还是治疗各种顽疾的良药。

香料植物在欧洲园艺中占有很重要的地位，很多园艺机构和种植爱好者都拥有自己的香料植物园，并培育出了不同的品种。这些香料植物在不同的季节里，散发出不同的迷人香味。

如今，我国的香料植物产品在国内外市场上越来越受到欢迎，特别是在餐饮领域，更是广受青睐。

本书聚焦餐桌上广泛应用的香料植物，不但介绍了这些植物的形态特征、种植分布、芳香特点、物种传播以及相关的历史文化故事，而且详尽地介绍了它们在各地美食中的独特应用。

本书为每一种香料植物都绘制了美轮美奂的"肖像"画。这些植物科学画色彩斑斓、造型优美，既写实，又富于艺术美感，不仅准确表现了香料植物的外部形态，而且对其局部特征作了重点描绘。作品均采用彩色与黑白对比的表现形式，有利于读者理解植物科学绘画的过程与表现力。

为了让读者更直观地看到香料植物在美食中的应用，书中还配有相应的菜品照片。这些出色的美食写真来自国内几十家优秀的餐饮企业，一定能为读者的香料植物之旅增添趣味。

作为一部图文并茂，融科学、艺术、美食之优势为一体的博物类普及读物，本书目录采用了以音序排列的方式，以方便读者查找阅读。书末设置了相关的科属索引，方便爱好者深入对比、参考阅读。

中国科学院植物研究所叶建飞博士为本书制作了按APG系统排序的植物科属索引，对本书内容进行了审校并提出宝贵意见，在此表示感谢。

孙英宝　徐　龙

目　录

1

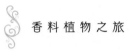

01

八 角
Star anise

八角又称八角茴香、大料和大茴香，是五味子科八角属的一种植物，也指这种植物的果实。常绿乔木，高可至 20 米。树冠塔形、椭圆形或圆锥形。树皮深灰色。枝密集，叶互生。花粉红至深红色。聚合果，饱满平直，果实幼时绿色，放射状排列成八角形，成熟后呈红褐色或淡棕色，干燥后呈红棕色或黄棕色，具茴香的甜香气味。

八角每年结两次果，第一次开花所结的果实称为"春八角"，第二次则是"秋八角"。

　　中华美食，离不开厨师精湛的厨艺，通过腌、泡、卤、酱、烧、炖、烩、焖、蒸、煮、制汤等方法，调配出各种美味，更离不开众多香料的调味。在各种神奇的香料中，八角是中餐烹饪里用途最广的香料之一。

　　成熟和干燥之后的八角含有茴香醚、黄樟醚、茴香醛、茴香酮、水芹烯等成分，拥有独特的挥发性和刺激性的芬芳，但这种香气需要稍长时间的水解加热之后，才能更好地释放出来，从而让鱼或肉的香味更加醇厚。所以，八角通常用于制作动物性菜肴，具有去腥、解腻和赋香的作用。

　　八角经常与葱、姜、蒜、花椒、桂皮等香料搭配使用，像粤菜中的"卤水拼盘"，鲁菜中的"红烧鱼"，豫菜中的"红焖羊肉"，川菜中的"香酥鸭""麻辣火锅"，湘菜中的"毛式红烧肉"，鄂菜中的"粉蒸肉"，东北菜中的"小鸡炖蘑菇"，台湾美食中的"卤肉饭"，江苏美食中的"无锡排骨"，陕西名吃中的"岐山臊子面"，山西美食中的"刀削

孔乙己茴香豆

面"，安徽美食中的"符离集烧鸡"等，八角都是它们不可或缺的香料。在烹调某些素食时，如果加入一粒八角，就会获得如荤菜般的浓郁芳香，如"砂锅白菜豆腐""素烩胡萝卜""冬菇烧面筋""煮花生""煮毛豆"等等。鲁迅先生的小说《孔乙己》中，孔乙己佐酒时食用的"茴香豆"，就是加了八角（八角茴香）煮的蚕豆。

八角原产于东印度群岛，在东南亚和北美洲地区也有种植。如今中国为主产区，以云南、广东、广西等地出产的为佳。其次的产区是越南、柬埔寨、缅甸、印度尼西亚的苏门答腊、菲律宾等地。在美洲主要分布在墨西哥、海地以及美国的佛罗里达州。

八角在中国的利用已经有3000多年的历史，早期的时

4

候被称为"舶茴香"或"南茴香"，后来叫作"八角茴香"。

八角在李时珍的《本草纲目》中也有记载："自番舶来者，实大如柏实，裂成八瓣，一瓣一核，大如豆，黄褐色，有仁，味更甜，俗呼舶茴香，又曰八角茴香。"

八角除用作调味品之外，还可以在工业上用作香水、牙膏、香皂、化妆品等的香料，也可以应用在医药上，作为驱风剂和兴奋剂使用。

在购买和使用八角的时候，需要特别注意，有一种与八角非常相似的有毒植物，叫红茴香，也叫莽草，有致命剧毒。它与八角的区别是果实较小，其尖端就像向上弯曲的鸟喙一样，果柄大多垂直，经常脱落，带有树胶一样的气味，略有苦味。

02

白豆蔻

White fruit amonum

　　白豆蔻是姜科豆蔻属多年生草本植物。茎丛生，叶片卵状披针形，光滑无毛。穗状花序从接近茎基部的根状茎上生长而出；苞片三角形；花萼管状，白色微微透红，花冠管与花萼管的长度接近；长椭圆形的裂片白色，唇瓣椭圆形，中央部位为黄色，向内凹，边缘为黄褐色。果实是接近球形的蒴果，白色或者淡黄色，略具钝三棱，有若干条浅槽及隆起的纵线，果皮木质。种子是不规则的多面体，暗棕色，有芳香味道。

　　白豆蔻主要生长于温暖潮湿、富含腐殖质的林下，在东南亚及我国广东、广西和云南等地都有栽培。

人们常常混淆姜科香料植物白豆蔻及其近亲草豆蔻、小豆蔻甚至草果。古代一些典籍也曾把这几种香料都混称为"豆蔻"。"蔻"字由"寇"演变而来，"寇"字有匪盗聚众之意，而这些表兄弟的果实里，有很多细小的种子聚集在一起，果实的外形又都似豆子，"豆蔻"之名就由此而来。白豆蔻的果实呈白色，又因此而得名。此外它还有"白蔻""白蔻仁""蔻米""圆豆蔻"及"白扣"等俗名，因其果实是一串串而生，也称"串豆蔻"。

白豆蔻的果实成熟时即可剪下晒干。干燥后的果壳薄脆易碎，上有三条较深的纵向槽纹，容易纵向裂开。果实裂开后，可见里面种子和果壳之间空隙较大，球形的种子团分为三瓣，每一瓣大约有十粒种子紧密地长在一起。白豆蔻的种子有清凉的辛香气，碾碎后，散发出更加浓郁的辛辣香气。其香气来源于内含的山姜素。

白豆蔻在烹饪中应用广泛，但作为调味香料它很少单独使用，通常是与其他香料联袂出场，主要用于配制各

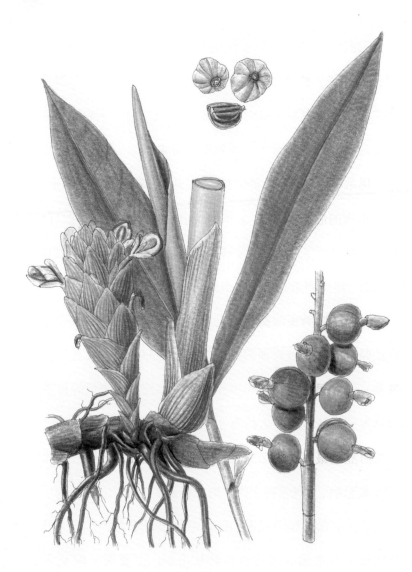

种卤水、酱汤及火锅底料，或用在
煮、烧、煨、炖或烩制的各种肉
类菜品中，有去异味、增香辛的
作用。

广东隆江猪脚

粤菜中多利用白豆蔻去除猪、
牛、羊肉的腥膻气味，如潮州卤水、
红炆牛腩、南山炒鸡及豆蔻薏仁鸡
汤、白豆蔻陈皮排骨汤等各种药膳
汤中都有白豆蔻的身影。最著名的则是陆丰市与普宁市之
间的特色小吃隆江猪脚。川菜多用白豆蔻来炒制各种火锅
底料，无论是重庆火锅、成都火锅，还是麻辣烫及酸辣粉
的汤料中，都有白豆蔻参与其中。

白豆蔻最常见于各种酱卤汤中，如卤鸭、卤鸡、卤牛
肉或酱猪肘、酱猪头、烧鸡等。近年来风靡各地的麻辣小
龙虾，还有传统的五香粉及十三香等混合香料中，白豆蔻
都扮演了不可或缺的角色。

白豆蔻原产气候温暖潮湿的东南亚地区，唐朝时经海上丝绸之路传入我国广东等南部沿海地区，在我国作为药材和香料利用已经有 1000 多年的历史。关于白豆蔻的产地及名称，古籍上早有记载。如唐代段成式的《酉阳杂俎》中有云："白豆蔻，出伽古罗国，呼为多骨。形如芭蕉，叶似杜若，长八九尺，冬夏不凋。花浅黄色，子作朵如蒲萄。其子初出微青，熟则变白，七月采。""伽古罗国"也称"哥谷罗国"，是当时位于马来半岛西北海岸的一个小国。伽古罗是阿拉伯语发音 kakula 的音译，意思就是"豆蔻"，而"多骨"一名可能是其马来语的音译。南宋赵汝适的《诸蕃志》中说："白豆蔻出真腊、阇婆等蕃，惟真腊最多，树如丝瓜，实如葡萄，蔓衍山谷，春花夏实，听民从便采取。""真腊"和"阇婆"在今柬埔寨北部与印度尼西亚苏门答腊岛、爪哇岛一带。从以上记述可以看出，白豆蔻是由东南亚一带而来的舶来品。

在东南亚菜系里，人们不仅会使用白豆蔻的果实作为调味料，连其新鲜的嫩茎也不放过，因为其嫩茎同样散发迷人的香味。在泰国东部地区，白豆蔻白嫩的茎常常被切成厚片，再加上辣椒等，与鸡肉同炒，鲜香辛辣，还可以放在石臼里和凹唇姜、辣椒等一道舂碎，加入椰浆煮鱼肉。在印度，白豆蔻长期被用作调味料和药材，可磨成粉与胡椒、肉桂等多种香料混合使用。

白豆蔻可以整粒使用，也可弄破其外壳以便香气完全释放，但绝不可炒制，否则其特有的芳香味道将减弱甚至完全丧失。

中医认为白豆蔻有化解湿气的功效。宋代女词人李清照晚年创作的《摊破浣溪沙》中有"豆蔻连梢煎熟水，莫分茶"之句，是说她生病时，以豆蔻煮水饮用，以药代茶，与前两句"病起萧萧两鬓华，卧看残月上窗纱"相呼应。

白豆蔻在我国广东、福建、海南及云南等地有栽培。需要提醒的是：白豆蔻并不是颜色越白越好，品质优者，其自然色泽是白中带微黄，而很白的则是经过了漂白的。

03

百里香

Thyme

百里香是唇形科百里香属的半灌木。茎匍匐或上升。叶对生，卵圆形。头状花序多花或少花，花萼管状钟形或狭钟形，花冠紫红、紫或淡紫、粉红色。小坚果近圆形或卵圆形，压扁状，光滑。花期7—8月。

在西欧，百里香是一种家喻户晓的香草，其新鲜或干燥的枝叶是家庭厨房必备的最受欢迎的香料之一。百里香在地中海式烹饪中运用得尤为广泛。喜欢吃西餐，尤其是法式盛宴的人一定会发现，在"肉酱批""小牛肉高汤"等菜里会出现百里香的身影，西班牙菜"巴斯克式炖鳕鱼"和意大利菜"烩什锦肉配绿色香草酱"也会用到百里香。

百里香的香气清新迷人、自然舒适，闻起来犹如拂晓空气般沁人心脾，有人称百里香的香气为"破晓的天堂"。

和其他多数香草相比，百里香的香味更持久，不但可用于各种沙拉、开胃菜、汤汁、甜品中，也可用在以蔬菜、海鲜、牛羊肉、家禽肉等制作的各种菜式中，还可作为肉酱、香肠、腌肉、泡菜等的添加剂。

百里香盐焗大虾

百里香

百里香原产欧洲南部，主要分布于伊比利亚半岛、法国南部、意大利西海岸以及希腊各地。在古希腊神话中，当倾国倾城的美女海伦得知特洛伊战争是因她的美貌引起时，她流下了伤心的泪水，泪珠落在地面上就化作了百里香。在古希腊，百里香不仅是文雅的代名词，还是勇气的象征。"具有百里香香味的男人"，是当时人们对男性的赞美之辞。据说壮士出征前，在浸泡过百里香的水里洗浴后，再携带一枝百里香上阵，就会骁勇无比。在荷马史诗《奥德赛》里，就有百里香鼓舞了雅典士兵士气的描述。百里香也是爱情的象征。少女如果在衣服上别一株百里香或绣上百里香图案，就意味着要寻找意中人。而天性害羞的男子，喝过百里香泡的茶后，就会鼓起勇气追求所爱。

古埃及人把百里香与其他香料混合，利用其杀菌防腐的作用，制作木乃伊。公元1世纪时的希腊医生迪奥斯科里德斯在其所著《药物志》一书中，认为百里香有助于哮喘病人的康复。古罗马人不但把百里香制作成风味奶酪等饮料，而且认为百里香是净化剂，在神庙仪式中用它来焚香。精于药用植物的巫师，则把百里香奉为"圣草"，据说吟诵"圣草咒语"，可以让人看见林中仙子。在中世纪的欧洲，人们还相信百里香是神奇的护身符，妇女会在送给情人的腰带上绣上百里香和小蜜蜂的图案。据说，系上这种腰带征战，就不会被利箭射中。

百里香在中国的甘肃、陕西、青海、山西、河北、内蒙古等地均有分布。现代科学证明，百里香含有百里香酚，有杀菌、消炎的作用。中国传统医学认为，百里香全草均可入药，众多中药典籍对其药用功能都有所记载，认为它具有助消化、清心明目和消除疲劳的作用。

04

荜 拔

Long pepper

荜拔又叫毕勃、荜茇(bá)、荜菝(bá),是胡椒科胡椒属的多年生藤本植物。茎下部匍匐,枝横卧,质地柔软,有棱角和槽,幼时密被短柔毛。叶互生,卵状心形。雌雄异株,穗状花序,花小。浆果卵形,先端尖,形状如桑葚。

荜拔

荜拔是胡椒的近亲，所以也叫长胡椒（long pepper）。胡椒的英文 pepper 衍生自拉丁文 piper，而其语源则是梵语 pippali。有意思的是，梵语 pippali 的真正所指并非胡椒，而是荜拔。

荜拔原产于印度等南亚和东南亚国家。古代印度典籍《夜柔吠陀》和《阿达婆吠陀》中就提到了它。公元前 5 世纪前后，有"医圣"之称的古希腊医生希波克拉底曾把它当作药用植物，主要用来治疗感冒、发烧和胃病。

古代欧洲人曾经把所有胡椒科植物的果实统称为胡椒。古罗马博物学家老普林尼一直错误地认为荜拔和胡椒来自于同一种植物，两者之间的区别只是形状不同而已。有研究认为，荜拔可能是欧洲人最早认识和喜欢使用的香料之一。

从古罗马到文艺复兴时期，荜拔一直都是欧洲人钟爱的香料。荜拔这种产于印度西南部的香料，比印度南部的胡椒更容易获取，因此荜拔就有了贸易优势，再加上那更加浓郁的香气，它在那个时代的流行程度完全超过了胡椒。老普林尼在其撰写的《博物志》中，记载了公元77年胡椒与荜拔在罗马的价格，当时荜拔比白胡椒贵一倍，比黑胡椒差不多贵四倍。古罗马美食家阿皮修斯在其《论烹饪》一书中记述的胡椒，应该为荜拔。14世纪，法国王室御厨泰勒温所撰写的《食谱全集》中，荜拔的使用频率也高于胡椒。

荜拔在后来逐渐受到冷落，有两个原因。

一个原因是15世纪哥伦布抵达新大陆并发现了辣椒。辣椒干燥后味道与荜拔相似，而且辣椒还可以在更多的地区进行栽培，对于欧洲人来说更易获得。

另一个原因是17世纪中叶，葡萄牙国王鉴于胡椒造假泛滥，下令禁止销售其他胡椒科的香料，荜拔受到牵连，被迫淡出了欧洲人的餐桌。

如今，荜拔与胡椒都是物美价廉的香料，但从适用范围上来看，荜拔远不如胡椒适用广泛。这有可能是因为荜拔的辛辣比胡椒更强劲，所以，荜拔一般是与其他香料混合之后，研磨成粉状使用，例如摩洛哥和埃塞俄比亚香料都是如此。荜拔中的生物碱——"胡椒碱"，是其产生辛辣味的主要成分。

关于荜拔这个名字，李时珍解释说它是由古代番语（外国语言或外民族语）音译而来。

荜拔在我国的云南、广西、广东和福建等地都有栽培。在中餐的烹饪中，它经常会与其他香料配合，主要用于鱼肉类的烹调，比如用于以烧、烤、烩、卤、酱、炸、涮等方式烹制的鱼肉中。它也是调制粤菜卤水和重庆火锅汤料配方的秘密武器。偶尔可见到单独使用，如"荜拔童子鸡""荜拔鱼头""荜拔鲫鱼羹"等。

荜拔童子鸡

荜拔干燥后的果穗可以入药，中医认为其有温中暖胃的功效。

05

薄 荷

Mint

　　薄荷是唇形科薄荷属的多年生草本植物。茎直立，下部几个节间有纤细的须根和水平匍匐的根状茎，呈锐四棱形，具四槽，分枝多。叶片多为长圆状披针形，或椭圆形，先端锐尖。花冠淡紫色。果实为卵珠形的小坚果，黄褐色。花期7—9月，果期10月。

薄荷全株都具有浓烈的清凉香气。世界各地的民众都喜欢使用薄荷，尤其是北非、中东、东南亚等热带地区。酷暑时节，一杯冰凉的薄荷水，会令人神清气爽。生活在摩洛哥的柏柏尔人喜欢在煮红茶时加入新鲜薄荷叶和方糖，这就是摩洛哥著名的"薄荷茶"。薄荷特有的清凉气息不仅令人感到全身舒畅，还能安抚因炎热天气产生的焦躁不安的情绪。

薄荷最适合用于开胃菜，如法国的"薄荷清汤"、中国的"薄荷鲫鱼汤"、伊朗的"薄荷酸奶黄瓜汤"与"甜瓜薄荷冷汤"，均是炎炎夏日的清凉开胃汤品，有异曲同工之妙。新鲜的薄荷可以直接食用，黎巴嫩的"塔布蕾沙拉"，泰国的"鸭肉沙拉"，越南的"春卷"，我国云南的"凉拌薄荷"和"薄荷牛肉卷"，都会用新鲜薄荷叶增添风味。薄荷与肉类、禽蛋类、海鲜、奶酪、蔬菜、水果都可以搭配。

薄荷甜点更是独具风采，如西餐中的"薄荷沙冰""薄

薄荷

荷饼干""薄荷蛋糕""薄荷巧克力""薄荷冰淇淋""薄荷糖"等，变化层出不穷。

关岭带皮黄牛肉

薄荷还可制成薄荷酒，著名的鸡尾酒莫吉托（Mojito）的制作原材料中，薄荷叶是必不可少的部分。

在古希腊、古罗马时期，薄荷有着活力与勇气的内涵。运动员在竞技前沐浴时会加入薄荷，以其散发的香味来增强自信，求得比赛的胜利。

薄荷的英文名称为 mint，源自拉丁文 mentalis，由古希腊神话中仙女蔓蒂的名字演变而来。传说冥界之王哈得斯爱上了蔓蒂，王后出于嫉妒，用魔法把蔓蒂变成了永远匍匐在地上任人践踏的草——薄荷。蔓蒂不甘心接受如此不堪的命运，即使变成一棵不起眼的草，她仍不失其美丽，并以独特的醉人芳香吸引了无数的人。

薄荷原产欧洲南部地中海沿岸，因为适应能力强，很容易杂交，现已广植于全球各地，所以有世界性香草之称。薄荷盛产季虽在夏季，但一年四季皆可采得。目前薄荷有约 30 个种，140 多个变种，其中有 20 个变种在世界各地栽培。主要栽培品种中，最常见的是欧洲的胡椒薄荷（peppermint）与绿薄荷（spearmint）。

薄荷的茎、枝和叶，特别是叶，含有大量的挥发性薄荷油，芳香而清凉，受到人们的青睐。古埃及人很早就发现薄荷的药用价值，并将其作为祭神的植物之一。古希腊医药典籍中曾记载它有利尿和振奋情绪的功能。古罗马人认为薄荷能帮助消化及消除胀气，且具有催情的作用，还可以解酒和解毒。

薄荷也是我国传统中药之一。关于薄荷的记载最早见于《唐本草》，说薄荷有疏风、散热、解毒的功效，可用于治疗风热感冒、头痛、目赤、咽喉肿痛、牙痛等。

06

草豆蔻

Katsumada galangal

草豆蔻是姜科山姜属多年生草本植物。叶片线
状披针形。总状花序顶生，直立；花萼钟状，顶端
不规则齿裂；唇瓣三角状卵形。果球形，熟时金黄
色，被毛。花期4—6月，果期5—8月。

香料草豆蔻是姜科山姜属植物草豆蔻的干燥种子团，因其果实里面有很多种子，其外形又似豆子，故名"豆蔻"。草豆蔻还有很多别名，如海南山姜、漏蔻、草蔻、大草蔻、草蔻仁、大果砂仁、偶子、弯子、土砂仁、假砂仁等。草豆蔻因呈球形，外壳较硬，内有细籽，外观如一颗小地雷，故还有一个小名——飞雷子。

草豆蔻食用历史悠久。在做卤汤、卤菜的时候，总要加入香料包，其中有一种不可缺少的香料就是草豆蔻。它也可以单用作烧、炖等菜式的香料。草豆蔻可去除肉类的腥气，如"栗子烧牛肉""黄焖鸡块""草果豆蔻煲乌骨鸡""草蔻肉桂鸭""五香脱骨鸡""花仁兔丁"等美味佳肴中都有草豆蔻的身影。此外，它还经常用于配制复合香料粉，及熬制川菜干锅类菜肴中的

卤鸭头

老油和火锅老汤。由于草豆蔻香味浓郁，故用量不宜多，在使用时最好研成碎末，待主料加热后加入，香味更加明显。

草豆蔻主要分布于我国的台湾、海南、广东、广西、云南等地的山地林中，它特殊的香气来源于种子中的挥发油。

古代人认为草豆蔻有除秽驱邪的作用。比如，一些古董商人常常将草豆蔻的种子团掰散，将其中的颗粒与丁香、桂枝等混合制成香包，置于古董之内，以期去除晦气。

草豆蔻也是一味传统中药材。清代药学家张秉成在《本草便读》中记述：草豆蔻性味较白蔻为猛，暖胃温中，有疗心腹之寒痛、宣胸利膈等功效。

07

草　果

Fructus tsaoko

　　草果是姜科豆蔻属多年生草本植物。茎丛生，全株有辛香气。叶片长椭圆形或长圆形，顶端渐尖。穗状花序不分枝；总花梗较密地生长有长圆形的鳞片；小苞片管状，顶端有钝齿；花冠红色，裂片长圆形，唇瓣椭圆形。蒴果较密集地生长，成熟之后为红色，干后褐色，不开裂。种子多角形，有浓郁辛辣香味。花期4—6月，果期9—12月。

草
果

　　草果的植株和其他姜科植物相似，但与姜、高良姜、沙姜、姜黄等"根茎派"不同，草果是地道的"果实派"。它是热带、亚热带林下丛生的草本植物，种植三年后即可开花结果。有趣的是它的花、果生长在茎的底部，而不是茎的上端。种植七年后进入盛果期，且可连续结果20年左右。成熟的果实为红色，椭圆形，干燥后呈褐色，质地坚硬，有特殊的浓郁辛辣香味。

　　草果是我国云南省的特色香料之一。古时多用作药草。传说在三国时期，诸葛亮为降服起兵反叛蜀汉的少数民族首领孟获而进军云南时，曾命将士口含草果，以适应当地多变的气候。南宋末年，忽必烈率10万大军自宁夏出发，经甘肃，进入四川，再渡金沙江入滇，结束了大理国在云南的统治。蒙古大军意外地发现草果浓郁的辛辣香甜之味与他们喜食的牛羊肉十分搭配，不仅能除膻味，还能增进食欲。其后，草果广泛地传播到大江南北。

　　在使用前，最好将草果坚韧的外皮拍压至松裂，露出

草果油淋鹅脯

里面细小的种子，这样有利于香气完全释放后入味于食材中。

云南的少数民族菜式中几乎都会用到草果，如文山瑶族"飘香鸭"、大理巍山白族"粑肉饵丝"、昆明回族"小刀鸭"、西双版纳傣族"火烧鱼"及芒市阿昌族"阿露窝罗鸡"等。

草果研磨成粉使用起来也比较方便，腾冲的"鹅油拌饭"就是用腊鹅肉及热鹅油配温热的米饭，再蘸上草果粉同食，香浓馥郁，解腻提鲜。

草果可与其他香料混合使用，适合腌、酱、卤、煮、烧、炖及火锅等用水为媒介且时间较长的烹饪方式。我国大部分地区，尤其是西部，喜欢用草果为牛羊肉类及家禽等去腥除膻，如新疆"大盘鸡"、青海"五香牦牛肉干"、甘肃"兰州牛肉拉面"、西安"羊肉泡馍"、陕西渭南

"水盆羊肉"及山西特色"羊汤面"等美食中都有草果的贡献。

草果也常常用在火锅中，无论是以麻辣香浓著称的"重庆火锅"，还是以鲜香闻名的潮汕"牛肉火锅"，以及云南保山"炊锅"，底料里都少不了草果与其他香料的搭配。

草果还可加工成"草果油"，是滇西腾冲夏季消暑佳品"稀豆粉"的调料油之一。

草果鲜红的嫩芽形如细春笋，具有嫩姜的味道及独特的清香。除去外皮，切成丝与姜、鱼腥草、辣椒、芫荽（yánsuī）等凉拌，或舂碎后加豆豉、醋等调成酸辣口味的开胃小菜，是云南当地的传统做法。还可以与质地爽脆的青芒果丝组合，味道鲜嫩芳香。

草果芽还可以用肉炒或炖，如"草果芽炒鸡丝""草果芽炒云腿"及"草果芽炖排骨"等。近年来引入粤菜"白灼"技法演绎而成的"白灼草果芽"，既简单，又能品出本味，是一种不错的尝试。

08

陈 皮

Tangerine peel

　　陈皮是芸香科植物柑橘及其栽培品种的果实的干燥果皮。柑橘树是常绿小乔木或灌木，枝柔弱，通常有刺。叶互生，顶端渐尖，基部楔形，叶柄细长。花黄白色。果扁球形，橙黄色或淡红黄色。

柑橘类植物原产于中国，广泛分布于长江以南地区。陈皮由柑橘类果实的果皮干燥而成，是中国特有的香料和传统药材，有强烈的芳香气。

陈皮红豆沙

烹制菜肴时，应把陈皮泡水回软洗净后再使用。陈皮与其他味道相互调和，不仅有去腥除膻、解除油腻的作用，而且增加了香气和甘甜味道，形成别具一格的风味。广东人把它广泛运用于粤菜、汤羹、炖品、粥品和甜点之中，如"陈皮丝蒸肉饼""陈皮百花酿豆腐""陈皮腩肉焖莲藕""陈皮排骨凉瓜煲""陈皮红豆沙"。澳门陈胜记还有"陈皮鸭"。

其他菜系也经常用到陈皮，如川菜"陈皮牛肉"、云南彝族"竹萝羊肉"、江苏盐城"陈皮酒焖鸡"等。日本著名的混合香料"七味粉"中，陈皮更是必不可少的一味。

陈皮还可以加工成"九制陈皮""陈皮梅""陈皮姜"等

休闲食品。近年来，有人把陈皮与普洱茶结合起来，这两种都是经得住时间洗礼的材料，越放越香，可谓珠联璧合。

陈皮所含挥发油，对胃肠道有温和的刺激作用，可促进消化液的分泌。

一般来说存足三年或三年以上的柑橘类果实的果皮才称为陈皮。在保持干燥的条件下，陈皮可长久放置储藏。

品质比较好的陈皮，以外皮深褐色，皮瓤薄，拿在手上觉得很轻，又容易折断，发出浓郁香味的为上品。好的陈皮不但对取皮的时间有很严格的要求，产地也很重要，广东新会所产的茶枝柑的果皮为陈皮中的上品。茶枝柑俗称大红柑，也称新会柑，果实扁圆，果肉汁多，果皮富有油性光泽，气味香浓。剥取果皮时多割成3至4瓣，称为"广陈皮"或"新会皮"。广东新会陈皮是"广东三宝"——陈皮、老姜、禾秆草之首，素有"百年陈皮胜黄金"的说法。

09

刺山柑

Caper

刺山柑是山柑科山柑属多年生爬藤类的蔓生灌木。小枝淡绿色。叶圆形、宽卵形或倒卵形。花白色、粉红色或紫红色。浆果椭圆形。

刺山柑原产于西亚或中亚，喜欢炎热干旱的气候和充足的阳光。人工栽种有几百年历史，主要栽培地在欧洲的法国、意大利、西班牙和北非的阿尔及利亚、摩洛哥等地。后来传入亚洲。

刺山柑幼嫩的心形花蕾在夏季的夜间盛开，日出时凋落，要在含苞待放时人工采摘。新鲜花蕾和果实含有硫化物，味道接近甘蓝的辛辣气味。采摘后的花蕾和果实，通常要浸泡在醋或盐水里保存。腌渍好的刺山柑味咸酸涩，可代替柠檬或橄榄使用，有开胃、解腻、刺激食欲的作用。

自古以来，刺山柑就是地中海美食中不可或缺的香料。它的花蕾娇小可爱，兼具调味与盘饰的双重功能，令美食家着迷。在法国南部的"尼斯沙拉""烟熏三文鱼"以及意大利撒丁岛开胃菜"炖杂菜

煎烤海鲈配刺山柑果

41

沙拉"和奥匈风味的"利珀道尔奶酪"中，都能觅得其芳踪。刺山柑也可以在各种酱汁中大显身手，它特有的酸味最适合用于鱼类、牛羊肉类和禽类食物的调味。

慢煎三文鱼配刺山柑

古希腊人相信刺山柑具有延年益寿的功效。在克里特岛发现的一部古代医学著作中就有关于刺山柑药用价值的记载，认为它可以杀死寄生虫、预防风湿病等，还推荐人们每餐饭前至少要吃一个刺山柑。

刺山柑根据大小不同分为若干等级，原则是以小为佳。法国南部普罗旺斯、意大利南部撒丁岛以及西班牙南部出产的刺山柑，都是佳品。

我国新疆、西藏等气候干旱地区也出产刺山柑。它在新疆叫槌果藤，生长在吐鲁番戈壁滩上，果实俗称老鼠瓜、野西瓜，维吾尔族人民称其为菠里克果，常将其作为草药使用。

10

葱

Spring onion

葱是石蒜科葱属多年生草本植物。鳞状茎单个生长，圆柱形，白色，偶见淡红褐色。叶圆筒状，中空，向顶端逐渐狭窄。花葶圆柱状，中空；总苞片膜质；伞形花序球状，花很多，疏散生长；小花梗较细；花白色；花柱细长，伸出花被片外面。花果期4—7月。

葱原产于我国西部和西伯利亚一带。人们最早食用的是野葱，古称为"茖（gé）"。《尔雅》中有："茖，山葱。"相传神农氏尝百草时就曾尝过这种野葱，后来人们才把野葱驯化成为家常菜蔬。今天的帕米尔高原一带，在汉代时生长着很多野葱，跋涉在古丝绸之路上的过往客商便给这里起名叫作葱岭。《楚辞》中有诗句曰："朝发兮葱岭，夕至兮明光。"

先秦时期，葱与葵、韭、藿、薤（xiè）合称"五蔬"。古人认为葱与诸物皆宜，逢菜必用，是万菜不离的食材，因此葱就有了"菜伯"及"和事草"的别称。这两个别称表明了葱在中国烹饪文化中的重要地位。

葱与姜、蒜组成了中国烹饪的三大基本调味元素。无论南方北域，也不论春夏秋冬，葱在中国人的饮食里都是必不可少的重要调味料。将葱切碎后形成的葱花，放到温热油锅中炝锅爆香，是中式烹饪的符号性动作。

葱有大葱和小葱之分，它们其实是同一种植物的不同品种或不同发育时期的产物。大葱在我国北方栽培较多，

葱烧海参

而南方多产小葱，又叫香葱。食葱季节也非常重要，小葱春夏季最好，大葱秋冬季为佳。东西南北中，葱的用法各有不同。

在南方早市，不论你消费多或少，摊主往往都会附送几根小葱。充满人情味的小葱是粤菜"葱油香露鸡"、上海菜"葱烤鲫鱼"、杭州小吃"葱包烩"及川菜"麻婆豆腐"等名菜或小吃中不可或缺的。香葱切成细末与其他调料混合，可演绎出如"椒麻汁""怪味汁""鱼香汁"等川味酱汁。把葱和姜拍松后泡入少许水中，即为浓郁的葱姜水，是使肉丸、鱼丸除腥、提鲜及滑嫩的惯用技法，也是中国菜里所谓"吃葱不见葱"的最高境界。相关菜式如扬州著名的"蟹粉狮子头"、婚寿宴会必上的"四喜丸子"、湖北"珍珠丸子"及浙江"清汤鱼圆"等。

在北方，大葱可以生吃，尤以以粗壮甘甜著称的山东章丘大葱为上品。山东"煎饼卷大葱"及东北"老虎菜""大葱蘸酱"中的大葱，辣中带甜，透着北方人民豪迈的性情。

中国菜讲究刀工，在葱上同样得以体现。将冰肌玉骨般的葱白切成寸段，再在葱段上剞（jī）上花刀，炸成琥珀色，与海参同烧，最后再淋上香气四溢的葱油，是鲁菜经典"葱烧海参"的关键所在。厨师们会把葱切成末、粒、米、丝、条、块、段等形状，以适应不同烹饪技法的要求。如用葱白切成洁白晶莹的葱丝，蘸甜面酱，与焦香烤鸭片卷在薄饼内同食，是"北京烤鸭"的正宗吃法。

葱内所含硫化物会迅速挥发而产生独特的芳香气味，这种气味又会由表入里，无孔不入地渗透到其他食材中，给食客以愉快的嗅觉和味觉的感官享受。

各地都有少不了以葱调味的名菜，如豫菜"葱椒炝鱼片"、滇菜"葱豉炒肉丝"、客家菜"葱姜炒咸鸡"、闽菜"串葱肉"、台湾菜"葱炸中卷"、本帮菜"京葱竹鸡"、鲁菜"葱爆羊肉"、家常菜"大葱炒鸡蛋"及"葱炒木耳"……

葱也可以在主食中大展拳脚，如北方的"葱油饼""葱花馒头""猪肉大葱馅包子"，江南的"葱油拌面"，以及广东"葱茸油拌米饭"等。

古人常以葱喻事。《诗经·采芑》云"有玱葱珩"，以葱色形容佩玉上迷人的绿色。《孔雀东南飞》中有"指如削葱根，口如含朱丹"之句，是用剥了皮的葱根形容美女纤细白嫩的手指。

因葱与"聪"谐音，广西合浦等地有在农历六月十六日夜里取葱给孩童食用的习俗，寓意让孩子更加聪明。无独有偶，福建惠安老乡为婴儿满月剃胎发时，有放置一盆洗头的温水及几株葱的习俗，水为镜，镜主明，而葱主聪，合谓聪明。

受中国文化的影响，葱在东亚的日韩料理中也扮演着重要的调味角色，如日本料理中的"味噌汤""手握寿司""培根葱香玉子烧""葱卷串烧海鲜"及"海鲜蒸蛋"，韩国的"葱泡菜""石锅拌饭"和"沙参烤牛肉"等。

11

大 蒜

Garlic

大蒜是石蒜科葱属球根植物。鳞茎为球状、扁球状，由多个肉质、瓣状的小鳞茎紧密地排列而成，有数层白色至带紫色的膜质鳞茎外皮。叶宽条形至条状披针形，扁平。伞形花序密具珠芽，间有数花；花常为淡红色。花期7月。

　　大蒜是中国人日常生活中常见的食材与调料，与葱、姜同等重要，其食用的方式也多种多样。大蒜里面所含的挥发油，使得大蒜具有辣味和刺激性的气味，有较强的压腥去膻、增加香味的作用。生吃可以直接剥皮后入口，辛辣味浓重，或者把大蒜捣成蒜泥，直接拌入黄瓜、薄荷、凉面、拉皮、酿皮等食物中。很多著名的地方菜都是用大蒜来进行烹饪，例如江苏的"炖生敲"、上海的"炒鳝糊"、云南的"蒜烧竹鼠"以及粤菜"蒜蓉大虾"等。另外，大蒜还可以加工腌制成酱渍蒜、糖醋蒜、腊八蒜、水晶蒜、蒜脯以及蒜粉、蒜盐及蒜精油等。

　　大蒜原产于亚洲中部，是世界上种植历史最悠久的古老植物之一。它不仅在饮食和医疗上有一席之地，而且在人类的社会生活中也曾经有过很重要的影响。据

野蜂巢新蒜烧江鳗

51

大蒜

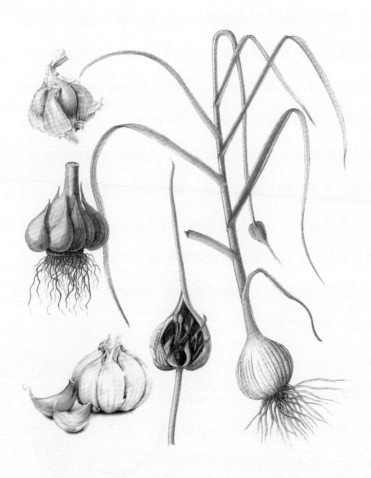

传，4500 年前的古巴比伦国王是最早食蒜成癖的人，他曾下令臣民们向王宫进贡大蒜，以满足其饮食之乐。在公元前 1500 年的埃及古药典中，记载了 22 种利用大蒜进行治病的药方。古罗马学者老普林尼认为大蒜可以治疗 61 种疾病。古印度人也经常吃大蒜，他们认为这样可以增进智力，并使声音保持洪亮。

大蒜是汉朝张骞出使西域后引进至我国陕西关中地区进行种植的。由于其体型比我国当时种植的"小蒜"要大一些，所以就称为"大蒜"。因是外来物种，也被称为"胡蒜"。李时珍的《本草纲目》中记载：胡蒜，其气熏烈，能通五脏，达诸窍，去寒湿，辟邪恶，消痈肿，化症积肉食。

大蒜有白皮蒜和紫皮蒜两种，在外形上也有独头蒜和多瓣蒜的区别。大蒜富含维生素和微量元素，有药理学价值和保健作用。

12

丁 香

Clove

丁香是桃金娘科蒲桃属热带常绿乔木，也称丁
子香或丁香蒲桃。树皮灰白而光滑。叶对生，叶片
革质，卵状长椭圆形。花3朵至多数为1组，圆锥
花序，花瓣4—5片。浆果卵圆形，红色或深紫色，
内有种子1枚，呈椭圆形。花期1—2月，果期6—
7月。

　　有两种植物都叫丁香这个名字，一种是作为香料和中药材的丁香，另一种是作为观赏植物的丁香。前者是桃金娘科植物，后者是木樨科植物，二者完全不同。此处所说的丁香，是指前者。

　　作为香料和中药材的丁香，系由丁香树未成熟的花蕾晒干而成。由于它形如小钉子，又散发浓郁的香气，故名丁香。

　　丁香的主要成分是丁香酚，散发出独特的辛辣、苦涩交织在一起的强烈刺激性气味。作为香料，丁香出现在很多菜式中，如美式"丁香火腿"，英国的"烤苹果派""肉馅饼""圣诞布丁"。我国淮扬菜"丁香鸭"、川菜"丁香鸡"、北京的"玫瑰肉"以及云南回族的"丁香烤羊腿"等，都以丁香为主要调料。丁香还常常与其他香料混合用在卤水和

酱驴板肠

55

丁香

酱汤中提味。

丁香原产于印度尼西亚著名的香料群岛 —— 马鲁古群岛。据说，从前当地婴儿出生时，家人就会栽种一株丁香树苗，并把丁香树的荣枯视为子女将来命运的预兆。每当丁香花开的时候，人们从树旁走过必须轻手轻脚，而且必须脱帽。待花蕾由粉变红时，就到了采摘的时候。把花蕾晒干，待其变成紫褐色，就可以使用了。民间把丁香花蕾称为公丁香，成熟果实称为母丁香。

公元 1 世纪，阿拉伯人把丁香从东方传至欧洲。罗马帝国时期的一本烹饪书中把丁香列为厨房必备香料。中世纪的欧洲，丁香与胡椒、肉豆蔻等香料一样，都是稀缺和昂贵之物。

16 世纪初，葡萄牙探险家偶然发现了香料群岛后，丁香与肉豆蔻一样开始经历劫难。葡萄牙人想垄断香料贸易，招来了西班牙、荷兰、法国和英国的不满，导致他们之间发生多次战争，最后以荷兰人占领马鲁古群岛告

北欧丁香猪肉卷

终。为了独家控制香料贸易，荷兰殖民者对香料走私者格杀勿论。

直到 1769 年，法国人瞒天过海将 60 棵丁香树苗偷偷运到印度洋的留尼汪、毛里求斯和马达加斯加等法属殖民地种植，才打破了荷兰人的垄断。此后，丁香又被输送到东非坦桑尼亚的桑给巴尔岛种植，如今桑给巴尔岛丁香占全球总产量的 90%，坦桑尼亚成了举世闻名的"丁香之国"，美丽芳香的丁香花也成为了坦桑尼亚的国花。

但人类最早有关丁香的文字记载却是在中国。据东汉《汉官仪》记载，公元前 200 年，当时从爪哇国前往中国的使者觐见汉帝时，就朝贡了这种珍贵的特产。此后，皇帝下令大臣们上朝时必须口含丁香以去除口臭，如同今天咀嚼口香糖。人们借公鸡善鸣之意，称之为"鸡舌香"。后世便以"含香""含鸡舌"指在朝为官或为人效力者。

作为常用的中药材，丁香是我国传统进口"南药"之一。中医认为，丁香味辛、性温，具有温中降逆、补肾助阳的作用。以丁香治牙痛、口腔溃疡也有一定的疗效。取丁香含口中以去除口臭的方法，民间现今仍有人用之。

丁香在我国海南、广东、广西等地也有栽培。

13

杜松子
Juniper berry

杜松子是柏科刺柏属植物的雌球果，幼嫩时为绿色，成熟后变成紫黑色，因为非常像蓝莓，其英文名直译过来就是"杜松莓"。杜松子未成熟的绿色果可用来制作杜松子酒，这样酒里面会有明显的松脂香味。成熟后的紫黑色果可作香料。在刺柏属的诸多种之中，欧洲刺柏的果在香料中应用较多。

欧洲刺柏这种植物几乎遍布北半球，能长到 10 余米高。它的叶子呈钻形，像一把小剑，叶子内侧有一条白粉带，每三片叶子呈螺旋状紧密排列。

欧洲刺柏是雌雄异株。雄球花黄色，2—3 毫米长，3—4 月散播花粉之后很快就脱落；

雌球果初为绿色，成熟后变成紫黑色，裹着一层粉状外衣。由于球果要经过 18 个月才成熟，所以常常能看到绿色和紫色的球果长在一起。

在欧洲的秋冬季节更替之际，气候逐渐变得寒冷，为越冬而准备的食物也逐渐丰富起来，例如盐渍的各种泡菜，烧烤或焖煮的肉类，以及香肠、馅料、酱汁等。众多食材在经过加工之后，变成一道道诱人的特色美食。在这些令人回味无穷的美食之中，有一种特殊的香料——杜松子，起着非常重要的调味作用。

杜松子拥有松树脂和胡椒的混合香气，味苦涩而强烈。取少许几粒，在使用前先将其压碎，可使其味道得以释放。这种味道最适合矫正山林野味特有的浓烈腥膻味，还可以赋予野味一定的香气，降低很多肉类脂肪的油腻感。

正所谓美食无国界，各个国家对杜松子的应用各有见解，例如德国的"脆烤猪肘"，法国的"什锦砂锅肉炖酸菜"，比利时的"杜松子炖小牛腰子"，意大利的"乡村鹿肉派""苹果酱烤狍子""野猪肉酱面条"等食物中，都会或多或少利用杜松子来进行调味。

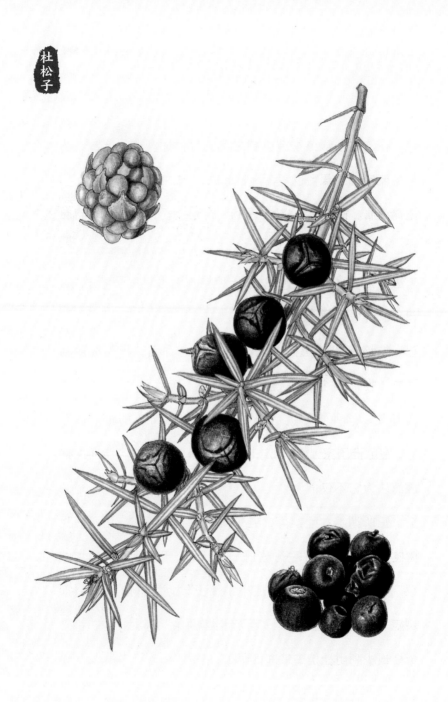
杜松子

产杜松子的植物欧洲刺柏，其树干、枝叶、球果都可以用来萃取植物精油。杜松子的精油成分更佳，价值更高，很多高档的芳香疗法中会用到它。

烤鹿柳佐杜松子汁

杜松子干燥后比黑胡椒略大一些。在胡椒贵如黄金的年代，古罗马的一些商贩把杜松子混入胡椒里面出售，牟取暴利。

在欧洲国家，欧洲刺柏自古就被当作一种神圣的植物，人们认为它不仅能够清洁身心，震慑恶灵，还可以抵挡魔法，驱魔降妖。过去，有很多旅行者会把一支欧洲刺柏的树枝带在身边，当作护身符，以求旅途的平安。

杜松子的香浓气味不仅可以净化空气，还被用来治疗疾病。古埃及人将它用作木乃伊防腐剂，古希腊人通过燃烧杜松子来防止流行病的传播，古罗马人也用它来作为抗菌剂。

早期的欧洲文献中记载，杜松子曾被用作蛇毒的解药，具体方法是用磨碎的杜松子与蜂蜜搅拌在一起，涂抹在被毒蛇咬过的伤口之上。人们相信燃烧欧洲刺柏的枝叶和果实，有阻止黑死病（鼠疫）、霍乱及伤寒等传染病扩散的作用。

在16世纪的荷兰，一位名叫希尔维斯的药剂师，利用杜松子制成了一种新的利尿剂。后来，这种液体开始被普遍饮用。这就是著名的杜松子酒（也叫金酒、琴酒、毡酒等）的由来。在北欧，还有杜松子风味的葡萄酒和白兰地。酿制啤酒的过程也有杜松子的身影。啤酒里面的苦味，就是在发酵时添加了杜松子的效果。

14

番红花

Saffron

番红花是鸢尾科番红花属的多年生草本植物。球茎扁圆球形，外有黄褐色的膜质包被。叶基生，呈条形，边缘有反卷。花茎很短，不伸出地面；花1—2朵，有淡蓝色、红紫色和白色，有香味；雄蕊直立，花药黄色，顶端尖，略弯曲；花柱橙红色，柱头略扁。蒴果椭圆形。

番红花

香料植物可以利用的部位一般是根、皮、茎、叶、花、果实或者种子。但也有一些特例，如番红花只有它的干燥雌蕊可作为香料。

番红花全株可食用部分也只有雌蕊，但番红花的花期很短，仅有秋季的十几天。为保证质量，开花当天，必须在气温升高前的黎明时分人工采摘。每个花朵里只有3枚雌蕊，要制作成500克的成品，需要将近8万枚雌蕊。物以稀为贵的经济法则，使番红花成为世界上最昂贵的香料。

番红花中含番红花素，这种成分经水浸泡后，呈现出悦目的色彩，因而番红花作为高贵的染料被很多国家的王公贵族采用。相传佛祖释迦牟尼涅槃时身穿的袈裟就是用番红花染成的，这种圣洁的金黄色后来成为僧侣法衣的正式颜色。

番红花是兼有药用和食用功能的香料。作为食用香料，它曾被誉为来自天堂的味道。波斯阿契美尼德王朝国王大流士一世时期，在烤馕的时候就使用了番红花为菜品渲染华贵的气氛。

如今的地中海、中东和西亚料理中对番红花的使用较多，像法国南部"马赛鱼汤""佩里戈尔炖锅鸡汤"，西班牙瓦伦西亚的"海鲜烩饭""烩鳕鱼"，意大利"米兰风味烩饭"，伊朗喷香的蒸米饭"契鲁"，瑞典人在圣诞节食用的红花小面包，斯堪的纳维亚和巴尔干地区的番红花糕点，西西里风味布丁、冰激凌和奶油蛋卷等。

近年来，番红花在中餐里也有较多的应用，比如在用南瓜制作的"金汤"及在经典川菜"清汤鸡豆花"中添加番红花，可以让汤色更加雍容饱满。人民大会堂的名厨们研发的"番红花鸡排"，在招待美国前总统小布什的国宴中受到一致赞许。

番红花原产于南欧、小亚细亚一带，已经有了几千年的种植历史。《旧约圣经·雅歌》中曾经提到这种香料植物。早

西班牙海鲜烩饭

在公元前 10 世纪，波斯人就开始规模化地种植番红花。公元 7 世纪，阿拉伯人征服了波斯之后，经摩洛哥越过直布罗陀海峡把番红花带到西班牙栽种，后来它经由十字军东征又传到了法国、意大利等地中海沿岸国家。

我国有关番红花的记载始见于清代的《本草纲目拾遗》。番红花又被称为藏红花，但其实西藏鲜有种植。番红花是在明朝时经印度或克什米尔地区传入西藏，再由西藏传入中原。不少人把西藏早已引种栽培的药材草红花（菊科红花属）与番红花混为一谈，番红花长期以来就这样被误称为藏红花。

如今番红花的主要产区从西班牙一路向东延伸到印度。伊朗的番红花产量最高，甚至可以达到世界总产量的 90%，西班牙和克什米尔地区居其次。

15

甘 草

Licorice

甘草是豆科甘草属多年生草本植物。根系发达，主根长，外皮褐色，里面淡黄色，有甜味。茎直立，多分枝，高30—120厘米。叶长5—20厘米，托叶三角状披针形；小叶卵形，正面暗绿色，背面绿色。总状花序腋生，苞片长圆状披针形，花萼钟状，花冠紫色、白色或黄色。荚果弯曲呈镰刀状或呈环状。种子暗绿色，圆形或肾形。花期6—8月，果期7—10月。

　　甘草是最古老的甜味植物之一，可利用部位是其根部。它的甜度是蔗糖的 50 倍以上，所以也叫作"甜草""蜜草"。

　　甜味能让人产生幸福的感觉。在古埃及法老图坦卡蒙的墓葬中，考古学家发现了保存得非常好的大量甘草。古埃及人把甘草当作陪葬品，而不是用于木乃伊防腐，因为甘草能用于制作当时非常流行的一种饮料"麦舒"，可以让法老在未来世界里继续享用他喜欢的饮品。公元前 3 世纪的古埃及象形文字中就有用甘草制作饮料的记录。

　　甘草具有重要的药用价值，它有明显的镇咳祛痰作用，能保护咽喉和气管黏膜。我国东汉时期的药物学专著《神农本草经》，把甘草列为上品。南朝梁时名医陶弘景把甘草尊为"国老"，国老即帝师，虽非君而为君所尊崇。李时珍在《本草纲目》中解释说，甘草调和众药有功，故有国老之号。

　　甘草是中医最常用的一味中药材，它具衬托、调和与引导之功效，有"十方九草"之说。在北京同仁堂"草药

甘草

四君子"四扇屏风雕刻画中，甘草居人参之前，可见甘草在中国传统医药文化中的地位。

甘草味甜温暖，有似八角、茴香和龙蒿混合的芳香气味，在烹饪中可充当甜味剂和香料。在众多香料中，兼具这双重功能的并不多见。甘草作为甜味剂时可代替砂糖，改善菜肴的色泽和甜度；作为香料时有去异压腥和提鲜的功能。它很少单独使用，且每次用量较小。在中国各菜系中，甘草多用于药膳食疗菜品、配制卤水和火锅，也用于特色菜肴的调味，如"肉桂甘草牛肉""砂仁甘草蒸鲫鱼""甘草绿豆炖鸭"等。由于味道独特，甘草也常用于罐头、糖果、饼干、蜜饯、凉茶和调味料之中。

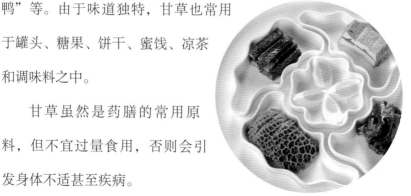

甘草虽然是药膳的常用原料，但不宜过量食用，否则会引发身体不适甚至疾病。

潮州卤水拼盘

16

高良姜

Galangal

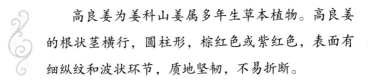

    高良姜为姜科山姜属多年生草本植物。高良姜的根状茎横行，圆柱形，棕红色或紫红色，表面有细纵纹和波状环节，质地坚韧，不易折断。

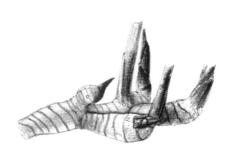

　　高良姜又称海良姜、佛手根、小良姜、南姜。海外华人一般称其为南姜。由于海外华人多广东福建籍，他们的"南姜"发音近似"蓝姜"，英文讹译为 blue ginger。在英语中，它还因产地而有不同的叫法，如爪哇姜、暹罗姜、泰国姜等。在中国，因以古高凉郡（今广东高州）出产的质量最佳，故名高凉姜，后因谐音演变而称高良姜。

　　新鲜高良姜根状茎的外表比姜要红艳，具有强烈的姜、肉桂、丁香和胡椒的混合香味。但与姜相比，其纤维木质化明显，且质地比姜坚硬，所以最适合用于煮汤、熬制卤水和烧制菜品。

　　高良姜在粤菜系中的潮汕地区最常用，粤菜行话中甚至称其为"潮州姜"，可见是潮汕的代表食材之一了。

　　潮汕地区将其直接加入或取汁液加入菜肴中，以增香赋味，如"卤水鹅""生灼牛肉""煮牛腩""南姜鸡"中，一定要有高良姜。当地人还将其斩碎或搅碎后，与梅羔酱和白醋调和成"三渗酱""橄榄糁"等，作为小吃或调味蘸

高良姜

碟。此酱旧时常用于配蘸鱼生食用，如今多用于蘸血蚶和虾蛄等腥味较重的海鲜或有土腥味的淡水鱼。台湾南部有一道特色小菜"番茄切盘"，其蘸酱里除了酱油膏、

潮州卤水鹅

糖粉之外，还要加入高良姜细末，这样才有最地道的风味。在山西太原的早点"头脑"中，高良姜也是重要的香料。

高良姜麸加白醋和白糖，称为南姜醋，是潮州菜常见的酱料，多用于膻臊味较浓的肉食。高良姜麸可晒成干品使用，但鲜食的味道更浓郁。

高良姜也可以切丝，在"潮州牛肉粿条"中撒上高良姜丝，香浓盈口，回味无穷。潮州菜中还有"南姜香煎茄子""南姜豆酱"等。

如今，高良姜不但在我国广东、广西、台湾等地的烹饪中普遍使用，而且在东南亚国家的烹饪中也普遍使用。

高良姜原产于印度或印尼，生于山野谷地的阴湿林下或灌木丛中。在古埃及，高良姜被作为香熏香料使用。公元9世纪，高良姜被西亚的阿拉伯人所认识和了解，他们将其添加在饲料中，作为马匹的兴奋剂。

高良姜在中国种植和利用已有2000多年历史，何时引入中国已无法考证，但从早期的"蛮姜""南姜"及"海良姜"等中文别称可以看出它是舶来品。马王堆一号汉墓随葬物品的香炉或熏炉里就发现了高良姜及其他香料。

17世纪，高良姜通过中国出口到俄罗斯，被广泛用于俄罗斯烹饪中，如老式俄罗斯姜饼、树莓汁饮料、蜂蜜酒、伏特加等都有高良姜独特的香气。如今，俄罗斯仍在使用高良姜做醋和利口酒。

中医认为高良姜性温、味辛，可治胃寒疼痛、腹痛、呕吐泻泄、噎膈反胃等症。高良姜所含挥发油，是驱风油、清凉油、万金油中的主要成分。

17

桂 皮

Cassia

桂皮为樟科樟属植物天竺桂、川桂、柴桂等的干燥树皮的通称。樟科樟属的乔木，高度可达到25米。叶互生或近对生，卵圆形或卵圆状长圆形。圆锥花序腋生，花黄色或白色，花被裂片卵圆形，子房卵球形。树皮芳香，可作香料。

　　一盘香喷喷的红烧肉，一盆美味十足的炖柴鸡，一份入口鲜美的水煮鱼……看到这里，即使已经吃完饭，口水也会忍不住往下咽。这些来自中国的美食的诱惑，都离不开一种广泛使用的香料——桂皮。

　　桂皮的香味来自于它的挥发油。桂皮加工成粉状之后，是五香粉和十三香的主要成分之一。

　　桂皮的原产地在印度，据记载，公元前3000年就有寺庙以桂皮作为香料。桂皮何时引入中国不详，大约成书于战国时期的《尔雅》中，已有使用桂皮的记载。西汉马王堆汉墓中曾发掘出桂皮等香料。在汉唐时期，桂皮被尊为上品，用于食品调香、防腐和皇室、贵族熏香。

老北京小碗牛肉

　　在中国，桂皮不仅是香料，也是重要的中药材。中医认为，桂皮性大热，有散寒止痛、活血通经、暖脾胃的功效。历代君主都把桂皮作为滋补养生佳品、百药之长，素有"南桂北参"之说。上等桂皮称为"官桂"，作为贡品，极其昂贵。过去，在一些中药铺的招牌上，常常刻有"官桂、燕窝、鹿茸、人参"，以显示药店的品级。

中国南方很多省份出产桂皮，其中尤以广西出产最多、质量最好。18 世纪 70 年代，中国出产的桂皮由广州运至英国，因此被西方称为中国桂皮。以后欧洲其他国家相继引种并沿用此名。尽管中国桂皮与锡兰（现斯里兰卡）肉桂在香味上有区别，但是当时在许多国家被认为是同一种东西。

桂树的树龄要达到十年以上才可以进行桂皮的采剥，此时其韧皮部已积成油层。每年的春、秋季节均可采剥。每年四五月采剥的称春桂，品质较差；秋季采剥时间为七八月，品质为优。

18

红　葱

Shallot

　　红葱是石蒜科葱属洋葱的变种，与洋葱的区别在于，红葱的鳞茎为卵状至卵状矩圆形。伞形花序上有大量的珠芽，珠芽经常会在花序上生长出幼叶；花被片白色，具有淡红色的中脉。其鳞茎的外皮、叶形、花被片、花丝和子房等特征都和洋葱一样。鳞茎和叶用来食用。

红
葱

红葱是洋葱的一个变种，体积比洋葱小，外形近似大蒜，外皮有紫褐色、淡褐色、灰褐色或红灰色几种。一旦剥开，里面也如大蒜一样分瓣，但又不像大蒜那样每瓣外面都有蒜皮包裹着。与洋葱不同，红葱是靠丛生的鳞茎作无性繁殖。

人类利用红葱已经有几千年的历史。红葱原产古代巴勒斯坦的亚实基隆地区，因此在中东地区被称之为"亚实基隆葱"。古埃及人将红葱作为调味香草，波斯人相信它是一种神圣的植物，古希腊人和古罗马人认为红葱有催情的作用。红葱传入欧洲，是 12 世纪十字军东征之后。如今的法国、英国及荷兰等国家均为红葱的重要生产地，其中以法国西北部的布列塔尼、安茹等区域出产的最好。

如果说西餐离不开洋葱，那么红葱就是法国菜系中被高度认可的芳香食材，在烹饪上完全可代替洋葱使用，而且它比洋葱的味道更细腻也更独特。

红葱切碎后可以加入沙拉中提味，也可以浸泡在果醋、葡萄酒或橄榄油中，目的是让香味完全融入其中。法国厨师是以油爆香的方式释放出它的香味，然后加入葡萄酒和基础汤汁，用文火慢煮，这是调出具有各种细致味道的经典酱汁的关键。

　　红葱在亚洲的菜系中也不可缺少，如东南亚的泰国、越南、文莱、新加坡等国家都经常食用红葱。马来西亚著名的美味"肉骨茶"就用了红葱提味。在印度尼西亚，红葱有时候会用来腌泡菜，以酸味增加人的食欲。然而，在东南亚最常见的是把红葱横切成片状，再炸成金黄色，焦酥脆香，既可当作配料来使用，也可用来装饰东南亚风味的许多菜肴。在我国，台湾民众喜欢用滚烫的猪油把红葱丁炸成"油葱酥"，它是台湾"卤肉

台湾红葱酱拌面

饭""葱油拌面""碗粿"和"米粉汤"等美食的添香之料。红葱还是粤菜、客家菜里肉类美食常用的食材，如"干葱头啫啫鸡煲""干葱豆豉爆鸡球""客家葱油鸡"等。

　　红葱在各地有不同的名字。红葱在印度的产地主要在孟买，所以被叫作"孟买葱"。我国粤、港、澳地区认为红葱相比洋葱水分少，就叫其作"干葱"；我国台湾同胞则比较习惯叫它"油葱"；广东的潮汕地区认为红葱的基部膨大，像一粒粒的珠子，干脆称其为"珠葱"。它还有"青葱""蒜头葱""小红洋葱"这样一些名称。

　　红葱也可以入药使用，中医认为其性味温辛，能通阳暖，中和胃肠。

19

胡　椒

Pepper

胡椒是胡椒科胡椒属多年生木质攀缘藤本植物。茎的上面有膨大的节，节上生有根。叶卵圆形，有5—7条主脉。夏季开花，花小，无花被，密集呈细长下垂的穗状花序。浆果球形，成熟后呈红色。

在西餐桌上，永远必备两种调料：胡椒与盐。胡椒强烈而诱人的辛香辣气味，适合用于各种料理。"黑胡椒牛排"即是西餐中永恒的经典。如果没有胡椒，西餐就简直不可想象。

黑胡椒西冷牛排

胡椒原产于印度南部的马拉巴尔海岸。这种成束串状的果实，含有挥发性精油"胡椒碱"，干燥后碾碎会散发出独特的辛辣和芳香气味。早在公元前 3000 年，胡椒就被用于印度的烹饪中。在印度神话里，胡椒是神祇赐福于人类，让人类能够健康和快乐的礼物。那些苦行僧侣曾被告知，如每天吞 7 到 9 粒胡椒，就能提高他们长途跋涉的耐力。

在古代埃及，胡椒是用于制作木乃伊的香料之一。考古发现，公元前 1200 多年的法老拉姆西斯二世的木乃伊中

胡椒

就有胡椒。

公元前1000年左右，阿拉伯半岛南部的商人把胡椒由埃及运抵希腊港口，再经此地输送到地中海沿岸各地。当时欧洲人大多以肉食为主，而古代又没有冷藏和保鲜的技术，肉食很容易腐坏。胡椒不仅可以提升肉类的

茶香胡椒烤牛腹肉

香气，还可以像施了魔法一样掩盖住腐臭的味道，因此特别受欢迎。那时，胡椒的地位犹如黄金，一盎司胡椒，价值相当于同样重量的黄金，因此被称为"黑金"。在当时的欧洲，胡椒可以充当货币、军饷、税款和聘礼嫁妆，是财富的象征。为了争夺稀有的胡椒资源，甚至发生过战争。

公元408年，西哥特国王亚拉里克一世向罗马人索要黄金和胡椒未果，因而兵临罗马城下。罗马人被迫接受条

件，但仍未能让罗马城免遭洗劫。

随着西罗马帝国的灭亡，连年的战乱使得海上贸易充满了危险，胡椒在欧洲也变得更加弥足珍贵。

1492 年哥伦布出航的主要目的之一，就是为了到印度寻找胡椒。达·伽马于 1498 年找到了通往印度的新航线，成为第一个通过海路抵达印度的欧洲人，由此打破了胡椒贸易的垄断。因此，从某种意义上讲，胡椒影响了世界历史发展的进程。

胡椒传入中国，大约是在南北朝时期。自唐代开始，胡椒的使用逐渐兴盛起来，不过价格也是十分昂贵。据记载，唐代宗时期，官居宰相的元载因腐败而被判死罪，抄家时发现元家竟然藏有大量胡椒。胡椒的价格直到郑和下西洋之后才有所下降，由此胡椒逐渐进入平民百姓家，成为常见的调味品。李时珍在《本草纲目》中提到："胡椒，因其辛辣似椒，故得椒名，实非椒也。"胡椒如今在中国南方各地都有栽培，海南省是胡椒在中国的最大出产地。

胡椒又称为浮椒、玉椒、古月、黑川、白川、大川、昧履支等，因采收期和加工方法的不同，有绿、红、黑、白各色。其中，绿胡椒是新鲜的未成熟的果实；果实完全成熟时呈红色；黑胡椒是成熟后经自然阴干的果实，其表皮皱缩呈黑褐色且质地变硬；白胡椒则是黑胡椒去外皮而成，呈乳白色。中医认为胡椒性热味辛，可促进消化液分泌，是一种天然的健胃药。

20

胡卢巴

Fenugreek

　　胡卢巴为豆科胡卢巴属一年生草本植物，也指称这种植物的种子。胡卢巴又称葫芦巴、苦豆、香豆、香草、季豆、香苜蓿。根系发达。茎直立，圆柱形，多分枝。羽状三出复叶，小叶长倒卵形、卵形、长圆状披针形。花无梗，萼筒状，花冠黄白色或淡黄色。荚果圆筒状，直或稍弯曲。种子长圆状卵形，棕褐色。花期4—7月，果期7—9月。

胡卢巴是一种以苦香味著称的香料，甜中带苦，具有焦糖般令人愉悦的芳香。

胡卢巴原产于欧洲南部地中海沿岸地区，是已知最古老的药用和烹饪香料之一。它的叶片和种子都有强烈的香气。在古埃及，人们将胡卢巴种子研磨成糊状涂抹在身上预防生病，在制作木乃伊时把干燥的胡卢巴叶子塞在尸体内作为防腐香料。

公元7世纪左右，胡卢巴传到印度，在印度不仅用作药物和香料，而且也被用来作为明黄色的天然染料。如今，胡卢巴已经是最常用的香料之一，被广泛运用在印度、巴基斯坦、孟加拉及中亚、西亚、北非、中东等地的美食中。

黎巴嫩、土耳其和亚美尼亚等地早餐喜见的"熏风干牛肉"，是用了研磨的胡卢巴种子粉、孜然和辣椒来调味。克什米尔"胡卢巴炖羊肉"、印尼"咖喱羊腿"、印度西部"酸辣烩鸡肉"、斯里兰卡"椰奶咖喱汁"等，都离不开胡

卢巴的调味。

胡卢巴的嫩茎叶还可作为蔬菜食用。在南亚等地，胡卢巴叶被称为"麦西"，它在烹饪中的运用，常常为土豆等根茎类蔬菜，以及米饭、面食等一些平淡无奇的素食添加别样的风味。如印度"胡卢巴辣味土豆"和"胡卢巴叶煎蛋"等，就是用新鲜的叶片调味，食后令人回味无穷。

胡卢巴在西汉初年由张骞从西域引入内地，古称"香子"。现在甘肃、青海、宁夏是主要产区，安徽、四川、河南、辽宁等地也有出产。

胡卢巴在甘肃被称为香豆子或苦豆子。当地人在满月礼、婚礼和老人寿宴中，把胡卢巴的干叶磨成粉，与胡麻油一起掺入面粉中，制作出各种面食，如马蹄馒头、油锅盔、花卷、香豆焜锅馍馍

香豆焜锅馍馍

馍、香豆胡麻油饼等，其焦糖般特殊的苦香味，增添了面食的风味。

在青海有一种叫"狗浇尿油饼"的美食，就是加入了胡卢巴这种香料。这个不雅名称来源于它的制作方法：在白面饼上撒上胡卢巴粉（当地人称香豆粉）、花椒粉、食盐等调料，烙饼时用尖嘴油壶沿锅边浇油。由于浇油的动作很像狗倚着墙根撒尿，故当地人戏称其为"狗浇尿"。

中医认为胡卢巴性温，可用于补肾阳，祛寒湿。

21

花 椒

Sichuan pepper

　　花椒也叫大椒、秦椒，为芸香科花椒属落叶小乔木。茎干和枝有短刺。小叶对生，叶缘有细裂齿。花小型，花被片黄绿色。果紫红色，散生微凸起的油点。种子黑色。花期4—5月，果期8—9月或10月。

花椒

　　川菜讲究"麻辣鲜香"，其中的"麻"就是由花椒带来的。严格意义上讲，"麻"并不是一种独立的味道，但川菜中却把"麻"与"咸、甜、酸、辣、鲜、香"并列为基本味，并用花椒与其他调料组合，创制出"椒盐、椒麻、麻辣、怪味"等受人喜爱的复合味。

　　"麻婆豆腐""水煮鱼""毛血旺""麻辣百叶""麻辣火锅""椒麻鸡""怪味肚领""四川泡菜""椒盐花卷"等四川美食，都离不开花椒的功劳。以花椒为特色的巴蜀饮食文化，由此也逐渐发展成熟。

四川麻婆豆腐

　　花椒与姜、茱萸是中国古代三大辛辣调料，合称"三香"。好的花椒香味浓郁，麻味也十足，放一颗在嘴里，不一会儿舌头就麻得转动不灵，吐字不清。花椒的麻味、香味要在热油中才会发挥得淋漓尽致，因此在烹制川菜时，都要先把花椒放在热油中进行短时间爆炒。这是川菜厨师喜欢用重油的重要原因。

花椒作为调味料可以去腥提鲜，促进唾液分泌，刺激食欲。花椒的嫩叶叫花椒芽，有股淡淡的麻香味。把花椒芽腌成小菜或与鸡蛋同炒，香气十足。

花椒在中国的利用历史十分悠久，春秋战国时期已经作为防腐药物使用。《楚辞》中有用花椒来祭祀和敬神的记载。《诗经》中也曾多次提到过花椒，说花椒的气味芬芳，能让人平安长寿，并且可用花椒来制作椒酒，甚至青年男女之间会把花椒作为爱情信物赠送给对方，因为花椒多籽，以此寄托子孙满堂的愿望。《汉官仪》中记载，皇后以椒涂壁，就是用花椒和泥涂在墙壁上，可使房间温暖、芳香，并象征多子。后来，人们也用"椒房"作为后妃

新疆椒麻鸡

的代称。湖南长沙马王堆一号汉墓中出土的帛书《养生方》中就有关于秦椒的记述，这是花椒用于医药的最早的文献记录。据说，东汉末年华佗发明的外科麻醉药"麻沸散"，也使用了花椒。

花椒作为食用香料始于南北朝时期，贾思勰《齐民要术》对此有详尽的记载。南北朝之后，花椒不再是宫廷贵族们的奢饰的代名词，寻常百姓家使用花椒的比例逐渐增大。

进入唐代，花椒的实用价值得到进一步的开发，尤其是调味和药用两大功能。清代以后，随着辣椒的引进和推广，花椒的地位大为下降，仅在四川等少数地方使用较多。但随着近些年川菜的普及，花椒在食用方面的地位又开始回升。

中医认为花椒味辛性温，能温中散寒。

22

茴 香

Common fennel

茴香是伞形科茴香属多年生草本植物。茎直立而光滑，灰绿色，多分枝。中部或上部的叶柄部分或全部呈鞘状。复伞形的花序顶生或侧生；小伞形花序的花柄比较纤细；花瓣黄色，倒卵圆形或者近倒卵圆形。果实长圆形。花期5—6月，果期7—9月。

茴香原产于地中海沿岸，尤其在希腊境内普遍生长。气质优雅的野生茴香植株可高达 1.5 米以上，羽状的绿色叶子衬托着黄色的花朵，布满一望无际的山野，随微风起舞。

在古希腊文化中有两个与茴香相关的故事，有趣的是，这两个故事都与奥运会相关。一个故事是神话版的，即"普罗米修斯盗火种"。传说普罗米修斯为了造福人类，将茴香茎杆伸向天空，从太阳的火焰里盗来火种，带到人间。他虽因此受到主神宙斯的处罚，被绑在高加索山上，每日忍受风吹日晒和鹫鹰啄食，但并不怨悔。后来的奥运会火炬传递，就是为了纪念普罗米修斯以茴香茎杆传递火种的壮举。

另一个故事是现实版的，即著名的"马拉松战役"。公元前 490 年，波斯帝国入侵希腊，希腊人在离雅典不远的马拉松平原迎战。"马拉松"一词意为"多茴香之地"，这里正因生长着众多高大的野生茴香而得名。最终希腊人以少胜多，打败了波斯。为了把胜利的喜讯尽早告诉雅典居

茴香

民，传令兵斐迪庇第斯不顾路途遥远，一口气从马拉松跑回雅典。奥运会长跑项目"马拉松赛跑"就得名于此，茴香也成为成功和荣誉的象征。

希波克拉底曾记录茴香有刺激乳汁分泌的功能。在盎格鲁－撒克逊的医疗配方中，茴香被列为九种圣草之一。公元 8 世纪，德意志神圣罗马帝国的奠基人查理曼大帝曾下令在其帝国花园里必须种植茴香。民间开始效仿，整个中欧几乎无处没有茴香的身影。

早在东汉时期，茴香就由中亚经丝绸之路传入我国，最早称为"蘹（huái）香""怀香"或"槐香"。因其种子气味芳香，有人推测可能是因为古人有身配香袋、衣怀槐兰之香的习惯而得名。据《本草纲目》记载，南朝人陶弘景曰："煮臭肉，下少许，即无臭气，臭酱入末亦香，故曰回香。"茴香可用于除去肉的腥臭味，使肉有回香之作用。后来在回字上添加草字头，就写成了茴香。

茴香的茎和叶散发着特有的香气，西餐中一般用于开胃沙拉、泡菜等。传统上，茴香与鱼类及海鲜类菜肴搭配最佳。无论在腌制、煮鱼时加几枚茴香叶，还是将其塞在鱼腹中烤制，都有保鲜、去腥及解腻的作用。因此，茴香在欧洲许多国家的饮食文化中被称为"鱼的香草"，尤其在法国和意大利菜系中运用得最多。

中国人认为茴香的香气和肉类是天作之合。中文"茴香"与"回乡"同音，因此北方很多地方在过春节的时候都喜欢包茴香肉馅的饺子，以解思乡之情。在中国众多菜系中，最懂茴香、最擅长利用茴香的是滇菜，从普通人家的"茴香花卷""茴香饼"到用熟土豆泥与茴香制成"洋芋茴香粑粑"小吃，都是用茴香制成的美食。云南各民族几乎都会用茴香制作佳肴，而且技法多样，可炒、煮、炸、烤。如"氽茴香丸子汤"，茴香的绿色细叶镶

茴香馅饺子

嵌在一颗颗圆润的肉丸中，犹如可爱的翡翠球，晶莹剔透，清香可口。思茅拉祜族的"茴香拌肉"，是将猪通脊肉煮熟后撕成细丝，再以茴香的叶茎以及刺芫荽、辣椒等切丝，与猪肉丝拌在一起。临沧佤族的"乳鸽烂饭"是以乳鸽的

余茴香丸子汤

汤煮新谷米，加入撕成丝的鸽子肉，最后用茴香及芫荽等增香。

茴香的植株极容易与另一种伞形科植物莳萝混淆，因为它们无论是外形还是清香的气味都非常相似，区别是莳萝的味道相对较清淡，微甜，另外，莳萝的根部只长有一株茎，而茴香则生长着层层包裹的茎叶。

茴香的种子也可作香料，是中国"五香粉"和印度"咖喱粉"的主要成分之一。

假 蒟

Betel leaf

假蒟（jǔ）是胡椒科胡椒属的多年生匍匐草本植物。茎节膨大，常生不定根。叶互生，下部的叶阔卵形或近圆形，上部的叶小，卵形至卵状披针形。花单性，雌雄异株，聚集成与叶对生的穗状花序。浆果近球形，具四角棱，无毛，基部嵌生于花序轴中并与其合生。花期为夏季。

在海南岛，很多人都有咀嚼槟榔的习惯。他们常常把一种植物的叶片与槟榔同时咀嚼，这种植物在当地被叫作"蒌（lóu）叶"。吃槟榔配蒌叶是为了减少青槟榔的涩味。"蒌叶"的植物名即假蒟，它是胡椒科的一种草本植物，味道与胡椒非常相似。

假蒟原产于印度尼西亚、马来西亚、印度及中国等地。在我国南方省份，其栽培历史可追溯到魏晋时期，如今在海南、广西、广东、福建等地均有种植。假蒟喜欢生长在竹林中或者竹林边缘，它的叶片与胡椒的叶片很相似，表面光亮，有一种特异的香味，一年四季都可以进行采摘。

假蒟在广东湛江地区的俗名叫蛤（gé）蒌，是一种流行的美味香草，人们常常把它和紫苏相提并论。广东、广西一些地区的人们在包粽子的时候，会使用蛤蒌叶。包这种粽子的时候，一般选用肥瘦适中的猪肉，把猪肉切成条状，放入盘中，拌上盐、油、五香粉等调味料，然后用蛤蒌叶卷起猪肉条，再把卷着蛤蒌叶的猪肉条包进糯米里面。这样可以消

假蒟

除猪肉的肥腻感，与糯米的味道相得益彰。蒸好的粽子有一股浓浓的香味，咬上一口，肉香伴着蛤蒌叶的特有香气一同弥漫出来，芳香四溢。

在当地还有著名的蛤蒌饭，用鸡油或猪油将切成细丝的蛤蒌叶炒香，再倒入已经泡好的香米，加少许盐翻炒片刻，最后放入电饭锅中焖熟。揭开锅盖，蛤蒌的清香与饭香完美地融合在一起，香气扑鼻，令人食欲大振。另外，加入芋头、瘦肉等不同食材，还可做成芋头蛤蒌饭、肉香蛤蒌饭等。蛤蒌叶与糯米的搭配也可以十分巧妙，像美味的蛤蒌藕盒，就是将蛤蒌叶与糯米拌匀再嵌入莲藕中，蛤蒌独特的香味与莲藕的香气融合在一起，令人回味无穷。

此外，将蛤蒌叶当作配料炒菜非常香，特别是炒田螺，味道非常独特。蛤蒌牛肉饼也是一道美味的

蒌叶煎蛋

菜肴：将牛肉剁成泥茸状，放进生粉、小苏打、盐、胡椒粉、味精、生抽、麻油以及适量的水，搅打至充分起胶后，用蛤蒌叶两张夹一份处理好的牛肉，放入六成热的油中炸，炸至牛肉熟后起锅装碟即成。这道菜外脆内爽，清香别致。在海南，蛤蒌的叶子、果穗或根也可以作为汤料使用，熬汤时放入少许，汤水会变得清香美味。

东南亚菜系中也常常见到假蒟的芳踪。越南语称假蒟叶为 La Lot，假蒟叶牛肉卷是最具特色的小吃：将牛肉馅加鱼露、葱、香茅及陈皮碎调味后，用假蒟叶片包裹成圆柱形，在油中煎炸。假蒟叶与牛肉的香气相互融会，蘸酸甜鱼露汁食用，别有一番味道。

泰国北部地道的开胃零食假蒟叶手卷，是将假蒟叶叠卷成中空的锥形，如同包粽子一样，把椰丝、虾米、碎红葱、姜、花生、辣椒、青柠及罗望子和椰糖调成的酸甜酱统统装入，再包成团吃。酸辣鲜甜，脆香清爽。

中医认为假蒟性温、味辛。

24

姜
Ginger

姜是姜科姜属多年生草本植物。植株高 0.5—1米。根状茎肥厚，多分枝，有芳香和辛辣味。叶片披针形或线状披针形。穗状花序球果状，花冠黄绿色。

在我国古代，姜与花椒、茱萸合称"三香"，为三大辛辣调味料。姜在中国烹饪里占重要地位，各菜系都会用到姜，它与葱、蒜同为中餐的三大基本调味元素。而在南粤，姜（老姜）又与陈皮、禾秆草被称作"广东三宝"。

不同采收季节的姜，分别称为新姜（仔姜或嫩姜）、老姜和姜母。在烹饪中，各个地区用姜做出的美食也不尽相同，如四川有"仔姜蒸鱼"，湖南有"仔姜焖水鸭"，山东有"姜丝炒肉"，广东有"姜葱焗蟹"，港澳有"猪脚姜醋蛋"，台湾有"姜母鸭"，江苏有"瓜姜鱼条"，杭帮菜有"西湖醋鱼"等。

民间有糖姜片、话梅姜、柠檬姜、腌酸姜和黑麻油姜糖等，都是受人欢迎的休闲零食。姜也可加工成姜汁、姜粉、姜酒、姜干等产品。

姜是亚洲最古老的香料之一，

西湖醋鱼

117

原产于印度，已有 5000 多年的种植历史。在古代印度文学中，就有姜用于烹饪的记载。姜由腓尼基人传入欧洲，在古代希腊和罗马时期已广为人知。

欧洲人习惯用的是干姜或姜粉，这有历史的原因。古代香料商队从亚洲穿越沙漠到达欧洲时，新鲜的姜早已变成了"木乃伊"。姜粉虽然与鲜姜味道不同，但可代替鲜姜使用。姜粉温热辛辣，含有清新的木质气味，且带少许的甜味。

西方人喜欢把姜粉用在甜食或烘焙制品中，如法国"姜味面包"，英国"姜味布丁"，美式"姜味酥饼"，瑞典"姜味小饼干"，以及各种各样的圣诞节姜饼等。

中国民间认为姜可以防病治病，有"冬有生姜，不怕风霜""冬吃萝卜夏吃姜，不劳医生开药方""家备小姜，小病不慌"等说法。李时珍《本草纲目》认为，姜可除风邪寒热、止呕吐等。民间还有很多用姜治疗手脚寒冷、减轻酸痛、预防晕车船的偏方。

25

姜 黄

Turmeric

姜黄是姜科姜黄属多年生草本植物。株高1—1.5米。根状茎很发达，根粗壮，末端膨大成块根。叶片长圆形或椭圆形。苞片卵形或长圆形，淡绿色，顶端钝，花冠淡黄色。花期8月。

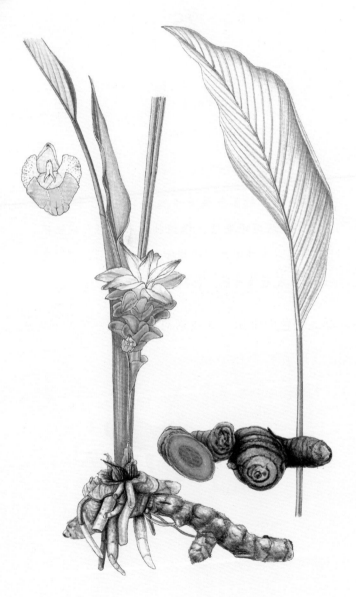

　　"咖喱牛肉"不仅美味可口，而且有着诱人的色泽，广受欢迎。咖喱是由多种香料混合而成的综合调味品，其中姜黄含量约占 30%，而日本风味咖喱中的姜黄含量可高达 50%。

　　姜黄是姜的近亲，新鲜姜黄根部有褐色的薄皮，划开薄皮里面是鲜艳的橙黄色，散发着像姜一样的香气。姜黄所含的姜黄素是其漂亮颜色的来源。姜黄素对酸碱度反应敏感，在酸性条件下呈浅黄色，若遇到碱性环境则转为褐红色。

咖喱鸡饭

　　姜黄在烹饪中除有着色作用外，还可以调味。其本身虽具淡淡的辛辣香气和土质味道，但很少独立承担调味功能。

　　摩洛哥"国汤""哈利拉"和著名的陶锅炖菜"塔津"，以及伊朗波斯菜系的"干豌豆炖羊肉"里，姜黄是必不可少的。姜黄还可用于腌制蔬菜和开胃小菜，如印度"泡菜"和日本的黄萝卜咸菜"大根"等。

姜黄在我国某些西部省份会用到。如云南宣威市倘塘镇出产一种黄豆腐，就是用姜黄的色泽和独特香味慢慢渗入豆腐，使豆腐具有特别的美味和色泽。

甘肃有"贵客吃黄，宾客吃绿"的说法。所谓"贵客吃黄"，就是在满月礼、婚礼和祝寿礼的筵席上，把姜黄粉与胡麻油掺在一起，添加在面粉中制作成马蹄馒头、油锅盔、花卷、焜锅馍馍、大馍馍等面食。黄澄澄的颜色是吉祥的象征，而黄与皇同音，寓意为富贵，所以是敬献给贵客的吃食。"宾客吃绿"则指的是添加了胡卢巴叶子磨成的粉的面食，是普通宾客的食物。

姜黄原于产印度和印尼，作为香料、染料和草药使用的历史迄今已有4000多年。在古老的梵语医药著作中，就有姜黄用于治疗胃病、皮肤病，净化血液，以及疗愈伤口的记载。

印度人认为姜黄的颜色就是太阳的颜色，因而在印度教仪式上，用鲜艳的姜黄水来表示对太阳的崇拜。在泰米尔地区丰收的节日里，人们以新鲜的整体根状茎姜黄来祭拜和感恩太阳神。姜黄艳丽的颜色与番红花极其相似，是自然界植物中少有的色彩。由于番红花非常昂贵，而姜黄是一种廉价的香料和染料，所以在佛教国家里，僧侣们往往利用姜黄替代番红花为袈裟染色。今天，姜黄仍被用作棉布、丝绸和工业加工食品的天然染料。

泰米尔女孩出嫁前，母亲会把姜黄磨制成粉状，掺入牛奶、绿豆粉等材料调成糊状物，涂抹在女儿身上，有杀菌、美容的作用，可以消除青春痘、雀斑，使皮肤光润而有弹性。在结婚仪式上，人们将用姜黄染过的大米抛洒在新人身上表示祝福。

在中国，姜黄是一种常用的中药材，古称郁金，早在唐代的《唐本草》中就有记载。明代李时珍在《本草纲目》中对姜黄有详细的描述，称其药性为辛、苦、大寒、无毒。

26

芥 子
Mustard

　　芥菜是几种古老经济作物的通称，其中籽用芥菜的种子称芥子。籽用芥菜是十字花科芸薹属植物，一年生草本。茎直立，有分枝。基生叶卵形，茎下部叶边缘有缺刻，茎上部叶窄披针形。花黄色，花瓣倒卵形。长角果线形。种子球形，紫褐色。花期3—5月，果期5—6月。

芥菜有很多品种。按植物形态和食用部位分叶用芥菜（雪里蕻等），茎用芥菜（榨菜），根用芥菜（大头菜），薹用芥菜（芥蓝、菜薹），芽用芥菜（儿菜）以及籽用芥菜等。叶用芥菜的叶茎均可食用，如腌渍、凉拌、热炒或做汤等。

籽用芥菜的种子称芥子。将芥子研磨成粉末状即成芥末粉，有粗磨和细磨之分。干燥的芥末粉没有辣味，但一经稀释，辣的成分就会析出。通常用温热水调和，加上盖子静置或微蒸一会儿，使其辣味和香味得以释放。

食用前做成芥末酱，方法是，拌入植物油使其色泽光润，再根据口味加醋和糖以除去苦味。芥末酱四季皆宜，一般用于凉菜调味，可通窍开胃，赋香解腻。如"芥末鸭掌""芥末肚丝""白灼响螺片""白菜芥末墩"以及"肉丝大

老北京白菜芥末墩

125

拉皮"等，都是以芥末调味。传统的"北京烤鸭""东北大馅水饺""广东烤乳猪"也可蘸芥末酱同食，以缓解油腻之感。

芥子可加工成芥末油。干燥芥子经榨饼、水解、蒸馏后，可生成浅黄色的芥末油。芥末油有一种坚果的香味和辛辣气味。

人类利用芥子的历史久远。在距今6000年左右的中国西安半坡遗址的陶罐中就发现了芥子，同一时期的古埃及人和美索不达米亚的苏美尔人也都曾使用过芥子。古罗马美食家阿皮修斯把芥

印度芥子烩花菜

末作为调料写进食谱中；公元1世纪，古罗马博物学家老普林尼普在其《博物志》中，曾描述芥末如同火焰般辛辣，还列出近40种降低和减少辣味的配方；古罗马人还用葡萄汁把芥末调和成稠糊状，做成芥末酱。今天，一些西方人

也喜欢在芥末粉中加入柠檬汁、葡萄酒、啤酒、淀粉以及其他香料来增加芥末酱的风味。

中国是最早食用芥末的国家之一，早在周朝时期就有记载；西汉时期的《礼记》中也曾提及芥末；北魏贾思勰在《齐民要术》中详细记述了制作加工芥末的方法。

中医认为芥末性温味辛，其药用价值在《本草纲目》和《本草经疏》中都有记述。

27

韭 菜

Chinese chive

韭菜是石蒜科葱属多年生草本植物，整个植株都具有特殊强烈的气味。它的根状茎横卧，鳞茎狭圆锥形，簇生。叶基生，条形，扁平。伞形花序半球状或近球状，有很多稀疏的花。花果期7—9月。

韭菜是一种入馔可主可辅、烹饪方法较多的芳香植物，可用于腌渍、凉拌、炒、煎、蒸、炸、烤或做汤等，但日常食用主要是用于调制馅心。这种馅心荤素均宜，味道浓鲜，常用于"韭菜盒子""三鲜水饺"等菜式。我国各地菜系中都有用韭菜制作的名菜，如徽菜的"韭香鲫鱼"，是在烧制的江鲫中加入了切碎的韭菜增

韭菜盒子

香；山西长治的"白猪头肉"，是生拌了韭菜段进行提鲜；广东客家的"韭菜炒水蚬"，是用韭菜与海鲜贝壳类组合炒食；老北京的"炒麻豆腐"，是在成菜之前加上一小撮韭菜段，香馨蹿鼻；台湾菜中的"韭菜炒猪肝"，则被认为是女性的补血佳品。

秋天到来的时候，韭菜会开放出幽雅朴素的白色花朵，此时采摘下花朵，剁碎盐渍，入罐密封，即成冬季北京涮

羊肉时不可缺少的蘸酱料之一，也是东北地区"酸菜白肉火锅"的绝佳调料。

我国是韭菜的原产地，韭菜也是我国的一种具有代表性的芳香型蔬菜。据史料记载，早在 3000 多年前，我们的祖先就开始种植韭菜。《诗经》中就有关于这种植物的诗句。汉代宫廷甚至开展了利用温室种植韭菜的技术革新。

"韭"为象形字，两竖象征并排栽种，六横像其张开的叶片，底下一横则表示土地。许慎在《说文解字》中说：韭，一种而久者，故谓之韭。象形，在一之上。一，地也。

韭菜的生命力极强，只须播种一次，就可以茂盛生长，而且剪割之后还会复生，因此还有"长生韭"的别称。

韭菜具有大蒜的辛辣和香葱的清香，历来被我国人民所喜爱。虽然一年四季皆有出产，但初春的第一茬韭菜品质最佳，碧绿柔嫩，肥鲜多汁。初春早韭也成为无数骚人墨客吟咏的题材，留下了不少雅句。如唐朝杜甫有"夜雨

剪春韭，新炊间黄粱"（《赠卫八处士》），南宋陆游有"园
畦剪韭胜肉美"（《稽山农》），元末明初高启有"芽抽冒余
湿，掩冉烟中缕。几夜故人来，寻畦剪春雨"（《韭》）。

佛家将韭菜列为"五荤"之一的禁食之物。韭菜还有
很多别名，如草钟乳、懒人菜、扁菜等。韭菜被认为具有
一定的药用价值，李时珍《本草纲目》称："韭……生则辛
而散血，熟则甘而补中。"

28

韭 葱

Leek

　　韭葱是石蒜科葱属多年生草本植物。其鳞茎单生，外皮白色。叶宽条形至条状披针形，实心，略有对褶，背面呈龙骨状。伞形花序球状，花白色至淡紫色，花柱伸出花被外。花果期 5—7 月。

公元6世纪，撒克逊人入侵威尔士，威尔士人在大卫·森特的指挥下顽强抵抗。他们把韭葱插在头盔上以区分敌我，同时为自己增添勇气，最终战胜了敌人。大卫·森特因此被尊为守护圣人。威尔士人把他去世的3月1日定为"圣大卫日"，这一天也是威尔士的国庆日。每逢国庆日游行时，威尔士人会在帽子或衣领上佩戴韭葱。出席庆典的英国皇室成员这一天也会依循传统，在衣领处戴上韭葱。

韭葱起源于小亚细亚及两河流域。古时韭葱的形状如同洋葱的鳞茎，古埃及遗址中就有这种韭葱的绘画图案。考古学家考证发现，在公元前3000年韭葱就已是古埃及饮食的一部分。

古希腊哲学家亚里士多德认为，云雀之所以声音清脆，是因为它们常吃韭葱。古罗马皇帝尼禄坚信，韭葱有益于他演讲或歌唱时的嗓音，因此他有个"吃韭葱者"的昵称。

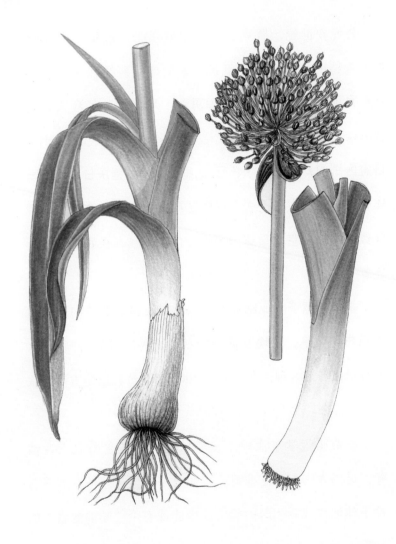

韭葱由罗马人引入英国，中世纪时在整个欧洲均有种植。

韭葱的叶片是扁平的，因此也叫扁叶葱，外形又酷似青蒜，所以也叫南欧蒜。韭葱与青蒜虽然都归于葱属，但还有区别的：青蒜是大蒜幼苗，而韭葱是整颗葱；韭葱的体积要比青蒜大。但它们的味道非常相似，甚至还可以相互替代使用。韭葱的鳞茎和叶可以作为蔬菜食用，也可以作香料使用。葱白的长度可达到 15 厘米，质地柔嫩，甜中带辣，气味芬芳，既可以生食，也可以烹饪食用，烹制的方式与其他蔬菜基本一样。为了保证烹饪时受热均匀，最好买长度一致的韭葱。如果烹饪的时间过长，它容易变得过软。整棵韭葱可以煮 15 分钟左右，如果是炖制则需要 30 分钟左右，切成条状的韭葱可以炒焖 5—15 分钟后

奶油烩韭葱配香肠

食用。

　　韭葱的味道比洋葱的味道温和、精细、香甜，可以切成圆片或斜圆片后，直接用来制作沙拉，不仅可以为沙拉增加甘甜可口的风味，还可以起到装饰的作用。韭葱在各国有不同的做法，如法国"维希奶油土豆冷汤"是利用韭葱调味的开胃汤品，威尔士的"鸡肉韭葱馅饼"、土耳其的"橄榄油焖韭葱胡萝卜"，都是将韭葱用作主菜的调味品。经验丰富的烹饪大师发现，韭葱比较适合与火腿和乳酪搭配，也可以和柠檬、罗勒、百里香一起烹饪。具有中国特色的韭葱饼香酥松脆，老少咸宜。

29

辣 根

Horseradish

辣根又称马萝卜、西洋山荞（yú）菜，是十字花科辣根属的多年生宿根耐寒草本植物。根肉质肥大，纺锤形，白色，下部有分枝。茎粗壮，表面有纵沟，多分枝。基生叶长圆形或长圆状卵形。花序圆锥状，花瓣白色。短角果卵圆形至椭圆形。花期4—5月，果期5—6月。

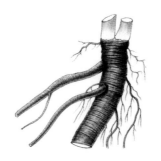

辣根的主要食用部位是其白色根，研磨擦碎后，可释放出大量黑芥子油，产生强烈辣味和清爽怡人的香气。

辣根酱的传统做法是，将辣根研磨后兑入白醋或柠檬汁以及奶油，混合调匀即可。如果加入糖、苹果泥、橘子汁、薄荷、蛋黄酱等，可减弱辛辣程度，别具风味。

用辣根酱搭配牛肉或鱼冻是西餐经典食用方法，既可提升菜肴口味，又有解油腻的效果，如德国"清汤炖牛肉"和"圣诞鲤鱼"，丹麦"水煮比目鱼辣根黄油酱"，英国"烤牛肉"等。

在东欧和中欧，辣根会在复活节期间的食物中出现，如波兰"辣根汤"、罗马尼亚"烤羊肉佐甜菜根和辣根酱"等。

克罗地亚人用新鲜辣根酱配"煮火腿"或熟肉制品。在塞尔维亚，辣根酱则是"烤乳猪"必不可少的

冷切牛肉佐辣根酱

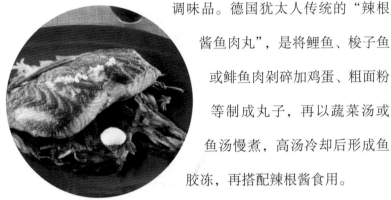

烤鲑鱼佐奶油辣根酱

调味品。德国犹太人传统的"辣根酱鱼肉丸",是将鲤鱼、梭子鱼或鲱鱼肉剁碎加鸡蛋、粗面粉等制成丸子,再以蔬菜汤或鱼汤慢煮,高汤冷却后形成鱼胶冻,再搭配辣根酱食用。

辣根还能添加在某些甜品中增添风味,如"苹果辣根果冻""蔓越莓和辣根""苹果馅饼与辣根、切达奶酪""辣根饼干"等。经典的鸡尾酒"血腥玛丽"里,也有辣根泥的成分。

辣根的叶子也可以食用,犹太人在逾越节晚宴上必食的七种食品之一——苦菜,即为辣根的叶子。这种食品是纪念古代犹太人在埃及法老统治期间所受的奴役之苦以及在先知摩西的带领下奔向自由这段历史。

辣根原产于欧洲东部,已有2000多年的栽培历史。古罗马时期，老普林尼在《博物志》中记述过它的药用价值。意大利古城庞贝的废墟壁画中也曾发现它的身影。中世纪初期，辣根传入中欧地区。16 世纪以后，辣根开始成为欧洲重要的调味香料，特别是在斯堪的纳维亚半岛和德国已经成为一种流行调料，被广泛应用到各种菜肴中。辣根由英国移民带到北美洲，并培育出新的品种。如今，辣根在全球很多地方都有栽培，在我国的主要产地是上海、江苏、山东、辽宁。

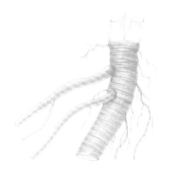

30

辣 椒
Chili

　　辣椒是茄科辣椒属一年生或多年生草本或灌木。茎的分枝为之字形折曲。叶互生，全缘，顶端短渐尖或急尖。花单生，俯垂；花萼杯状，不显著5齿；花冠白色。果实长指状，顶端渐尖，常弯曲，未成熟时绿色，成熟后变为红色、橙色或紫红色。种子扁肾形，淡黄色。花果期为5—11月。

　　辣椒灼热的辣味对鸟类没有作用，鸟类的消化器官也不会把辣椒的种子消化掉，所以，鸟儿们是辣椒种子最早的天然播种者。

　　辣椒原产于南美洲的秘鲁和玻利维亚之间的地区，后来由秘鲁人带到中美洲。辣椒的大范围传播始于 1492 年哥伦布发现美洲新大陆之后，当时，航海者将其当作胡椒带回了西班牙。哥伦布是辣椒名称混乱的始作俑者，后人又沿袭他的错误，并影响到多个语种。英文"red pepper"（辣椒）和"hot pepper"（辣椒）中的"pepper"（胡椒），正是混淆了胡椒与辣椒。而英文"chili"（辣椒）则源自墨西哥纳瓦特尔语衍生的西班牙词汇"chile"。

　　16 世纪初，葡萄牙人经由好望角通往印度的航线，把辣椒带到了亚非诸国。此后辣椒很快传遍全球。如果说要选一种全世界最流行的香料植物，大概非辣椒莫属了。如今，从中国的川菜、湘菜等，到东南亚的咖喱、美式的汉堡，再到墨西哥饼中的馅料，辣椒的身影无处不在。

辣椒是在明朝末年由西班牙人经菲律宾传入中国沿海地区的，中国人吃辣椒的历史只有大约 400 年。所以，明代李时珍在《本草纲目》中并没有记述这种植物。到了清代赵学敏的《本草纲目拾遗》等书中才有关于"番椒、海椒"的记载，这些名称体现了辣椒的外来身份。

中国最先开始食用辣椒的是贵州、湖南地区。清朝康熙年间，黔地严重缺盐，辣椒起了代盐的作用，被当地民众所接受。到光绪年间，辣椒才成为川菜中主要的香料之一。如今，"麻辣"已成为川菜的符号。

目前，我国是世界上辣椒种植面积最大、产量最多的国家。从南到北，从东到西，都广泛种植辣椒，而且品种繁多。辣椒已经成为中国人餐桌上非常重要的蔬菜和调味品。

中国人吃辣的方式和方法花样

剁椒鱼头

炝锅小黄鱼

百出，如川辣的特点是麻辣，以四川火锅为代表；湖南人喜欢鲜辣、纯辣；贵州一带多讲究糊辣，喜欢将辣椒加热烤糊后再吃，别有一番风味；而云南则多为酸辣，用盐液或卤水腌泡辣椒，泡制好的辣椒酸香脆嫩，可令人食欲大增。不仅如此，辣椒还可以佐以各种配料，通过不同的加工方式玩出五花八门的新花样来，如种类众多的辣椒酱、作为调味料的干辣椒粉或辣椒碎，还有辣椒油、盐渍辣椒叶等。

148

龙　蒿

Tarragon

　　龙蒿别名狭叶青蒿、蛇蒿、椒蒿等，为菊科蒿属的半灌木状草本植物。木质的根状茎直立或斜向上生长，常有短的褐色或绿色地下茎，有纵棱。叶无柄，线状披针形或线形。雌花的花冠狭管状或稍呈狭圆锥状，花柱伸出花冠外；两性花的花冠管状，花药线形。瘦果倒卵形或椭圆状倒卵形。花期7—8月，果期8—9月。

龙蒿是西餐中的常见香草，与细香葱、细叶芹和洋芫荽共同组成法国四大精细香草（fine herbs），历来被美食家所推崇，甚至被推上国宴。据报道，2005 年的一个秋日，英国女王伊丽莎白二世在白金汉宫为到访的时任中国国家领导人举行的欢迎国宴中，就有一道菜是"龙蒿煮小胡萝卜和奶油绿皮小南瓜"。

相对于其他蒿属植物来说，龙蒿的气味比较柔和。其香气来自叶片所含"甲基胡椒酚"。这种香气能迅速扩散到食材中，少量使用即可让食物滋味温和而微妙。因此龙蒿最适合用于制作各种酱汁。如法国经典温热酱汁——龙蒿蛋黄酱，就是搭配海鲜、牛排、鸡肉、鸡蛋和蔬菜的最佳酱汁。

把整枝的龙蒿垫在鱼的下面，或是与鸡肉、兔肉一起煮、烩、烤、焗，既能突出肉类的鲜美和龙蒿

贝亚恩汁焗整虾

151

的风味，也有降低脂肪肥腻感的作用，如"龙蒿奶油烩鸡块""烤整鸡配柠檬及龙蒿酱汁"等菜式。把龙蒿浸泡在葡萄酒醋或橄榄油中，再用这种具有龙蒿味道的葡萄酒醋或者橄榄油制作各种酱汁或沙拉，具有独特的风味。在俄罗斯、格鲁吉亚、乌克兰等一些国家，人们常把龙蒿添加在碳酸饮料中，也是别具风味。

龙蒿原产于西亚和西伯利亚地区。在古代欧洲，龙蒿被认为是具有神奇功能的植物。当时人们深信即使是凡夫俗子，只要身上携带有龙蒿，就具有对付妖龙和毒蛇的神功，这种神功来自龙蒿独特的香气及其蛇形的根部。龙蒿还被用作辟邪的护身符和治疗有毒生物蜇咬的草药。

龙蒿在世界各地均有栽培，以法国龙蒿和俄罗斯龙蒿最为著名，后者香味粗糙，远不及前者风味细腻。作为香料使用的龙蒿，主要采用的是其叶片的干制品。其制作方法是，在龙蒿未开花时割下绿叶及幼嫩的植株顶端部分，置于阴凉处阴干而成。

龙蒿在中国主要分布在西北、东北和华北地区。新疆民间素有食用野生龙蒿的习惯。新疆龙蒿的嫩叶有花椒的麻辣味，主要用来烹调或腌制食品；其植株也具有类似辣椒的香辛味，可将其根或干枝研末，代替辣椒用作调味品。在一些河谷地区，人们还喜欢将龙蒿与刚从江水中捕获的鱼一同煮食。除此以外，还可将龙蒿的幼嫩茎叶凉拌食用，也可将其炒、烩、煲汤作为药膳食用。在一些牧区，牧民常将龙蒿用作牲畜饲料。

龙蒿有一定的药用价值，在民间常被用于治疗胃痛、风湿、痛风和牙痛。如俄罗斯民间将其用于治疗头痛和眩晕，伊朗民间将其用于治疗癫痫。

需要指出的是，在有些中文书籍中，龙蒿被误译成"茵陈蒿"。其实，真正的"茵陈蒿"是另外一种植物。

32

罗　勒

Basil

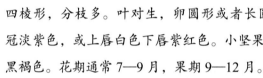

　　罗勒为唇形科罗勒属的一年生草本植物。茎钝四棱形，分枝多。叶对生，卵圆形或者长圆形。花冠淡紫色，或上唇白色下唇紫红色。小坚果卵珠形，黑褐色。花期通常7—9月，果期9—12月。

罗勒在各地有不同的叫法，如：九层塔、金不换、兰香等。在所有的食用香草中，罗勒家族的品种最多，而且在香气、外形、色泽上的差异也最大。罗勒在我国南方尤其是广东、福建、台湾等地常见，在台湾叫作九层塔，是台式"三杯鸡"里画龙点睛的香草。闽菜"炒溪螺"和潮州客家菜"炒薄壳"，其中的香草称为金不换。

虽然罗勒家族的很多品种都可以用作香草，但品种不同，使用的方法及效果也有很大区别。在欧洲常见的是甜罗勒，意大利菜"奶酪番茄沙拉""玛格丽特比萨""热那亚面条"里面用的就是这个品种。在东南亚，泰国菜"绿咖喱""红咖喱"中最后点缀的香草是泰罗勒，越南"牛肉米粉"中被滚烫的热汤激发出四溢香气的香草为柠檬罗勒。罗勒的香气具有"唯我独尊"的王者风范，与大蒜、洋葱、

意大利番茄罗勒奶酪沙拉

罗勒

番茄等搭配是绝妙的组合。

罗勒原产印度。在印度教中，罗勒被认为是蒙受了天神赐予高贵的香气，人们对它崇敬有加，将其作为供奉毗湿奴神的圣草。许多印度人还相信，死者胸前必须放上罗勒才能进入天堂。因此，凡夫俗子是不敢受用的。这就是在印度菜系中见不到罗勒的原因了。

在古希腊时期，罗勒同样是受人崇拜的神圣植物，古希腊君王在祭奠仪式中净身时涂抹的是罗勒精油。直到现在，希腊的东正教堂在新年也会用罗勒进行装点。

罗勒是随着佛教传入中国的，罗勒的中文名即是梵语的音译。北魏时期，罗勒称为"兰香"，贾思勰的《齐民要术》中就有对其进行栽培和加工的记载。

罗勒在我国古代食药兼用，常用作治疗眼疾的药草。其种子泡水

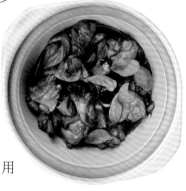

三杯鸡

后，表面吸水会膨胀起来呈果冻状，人们用它来洗眼睛，以求清洁和明目。这种疗法在日本江户时代由中国传入日本，罗勒的日文名为"目帚"，又有"光明子"之称。

民间认为，在暑日采罗勒鲜叶代茶泡饮，可以解暑健胃、静心安神。

在夏季，可把罗勒种在阳台上，长到 20 厘米左右即可采收，将嫩茎与叶子一同摘下，就可以如香菜般享用了。吃的时候只将植株底部的大叶子摘下来，顶端的小叶子会一直生长，因而一盆罗勒可以吃很久。

33

罗望子

Tamarind

　　罗望子又名酸豆、酸角、酸梅，是豆科酸豆属乔木。树皮暗灰色，不规则纵裂。小叶较小，长圆形。花黄色或杂有紫红色条纹。荚果圆柱状长圆形，肿胀，棕褐色，直或弯拱，常不规则地缢缩。种子褐色，有光泽。花期5—8月，果期12月—翌年5月。

罗望子这个名字可能令人感觉很陌生，但"酸角"这个名字很多人就熟悉了。酸角在云南、广西等地多作为休闲食品食用，或被加工成果汁、果露等饮品，而在东南亚、印度和西亚菜系中，却是一种重要的调味品。

罗望子未成熟果实的果肉酸涩，浸水后过滤取得的汁液，有如柠檬汁在西餐中的作用，具开胃、解腻、去腥、提味之效。在烹饪中，通常是以10倍温水将其果肉泡软再用手指揉捏，使果浆全部渗入水中。在马来语和印尼语中，它被称为"Assam"，当地华人按发音写成汉字"亚参""阿参"或"阿三"。马来西亚"亚参叻沙"、印尼"沙嗲肉串"、泰国"酸咖喱虾汤"、越南"酸鱼汤"、新加坡"罗惹沙拉"、印度"香辣咖喱肉"和伊朗"罗望子烩虾肉"都会用到罗望子调味。

在秘鲁有一道最受欢迎的中餐菜肴"罗望子猪肉"，是100多年前到达南美的华人因地制宜的烹饪创意。他们利用当地罗望子代替中国米醋，加糖后，调制成一种糖醋汁，

西双版纳酸角小排

用来制作"咕咾肉"或"糖醋肉"，秘鲁人就把这种带有酸甜味的中国菜叫作"罗望子猪肉"。因此之故，秘鲁人相信，罗望子是中餐必备的香料。实际上罗望子在中餐中用得不多。

罗望子原于产非洲，是产自非洲的为数不多的香料之一。罗望子果肉为红棕色、棕黑色或黑色，成熟后气味芳香，味酸甜，富含钾、磷、钙和镁等矿物质。成熟果实中蛋白质和碳水化合物含量也很丰富，可直接食用。

古代印度人用罗望子的果肉来擦拭寺庙中因氧化变黑的黄铜佛像、食器等铜制品，使之锃亮如新，也将其用于治疗消化不良。中世纪时，阿拉伯人发现了罗望子的美味，将其带到中东地区。随着十字军的东征，罗望子由中东进入了欧洲国家。17世纪，西班牙和葡萄牙的探险家将罗望子带往美洲和加勒比海等地区。至此，几乎全球各个热带地区都有了罗望子的踪迹。

罗望子在我国已有 800 多年的栽培历史，云南、广西、广东、海南都有种植。罗望子树属常绿乔木，树干粗壮，树冠巨大，抗风力强，适于海滨地区种植。由于其木质重而坚硬，纹理细致，常用于制造农具和高级家具，甚至可作为建筑材料。

海南岛上三亚市的南山地区有一片由 3000 多棵罗望子树组成的树林，是我国面积最大、单株数目最多的罗望子树林。1995 年，罗望子树被评为三亚市的市树。

中医认为，罗望子有清热解暑、消食化积、通便、利肝胆、驱风的功效。

34

迷迭香
Rosemary

迷迭香是唇形科鼠尾草属灌木。茎及老枝圆柱形，皮暗灰色。叶全缘革质，长披针形或线形，向背面卷曲，叶面鲜绿色，背灰绿色。花冠蓝紫色，花对生。花期 11 月。

迷迭香原产于欧洲及北非地中海沿岸，其拉丁语名是"海之朝露"之意。在地中海沿岸的空地和山坡、悬崖上，到处布满了野生的迷迭香，开着淡蓝或紫色的小花。据说，在古代，当远航的船只迷失方向时，有经验的船员会凭借海风送来的迷迭香的香味辨别方向。

在宗教仪式上，古希腊人把它献给爱与美的女神阿佛洛狄忒，古罗马人把它献给爱与美的女神维纳斯。

迷迭香的英文含意是"玛利亚的玫瑰"。传说圣母玛丽亚为躲避希律王的迫害，带着年幼的耶稣逃亡埃及时，将耶稣的亚麻外衣搭挂在迷迭香的树丛上，原本白色的花随即变成了具有象征真理意义的紫色花。迷迭香因此被赋予了神圣的色彩，被认为是圣子显灵的植物。耶路撒冷的教堂周围都种植有这种植物，人们相信迷迭香能使生者免受恶魔的侵害。因此，每当圣诞节时，许多欧洲人会在教堂和家中的门楣上挂饰迷迭香的枝叶。

在一些基督教徒的婚礼上，新娘会佩戴迷迭香编织的

花环；婚宴上，新人的酒杯里会放一小枝迷迭香，表示彼此忠贞不渝、白头偕老之意。

迷迭香的香味被认为有刺激脑细胞和醒脑作用，能增强记忆力，帮助人回忆。莎士比亚的《哈姆雷特》剧中就有"迷迭香，是为了帮助回忆，亲爱的，请牢记心间"的台词。

迷迭香的茎、叶、花香气浓郁独特，在欧洲常用于日常烹饪。其香浓的味道最适宜与肉类菜肴搭配，可除去肉类特有的腥膻和油腻而增强其香气，如法国菜中的"炭烧羊排""迷迭香烤鸡"。也适用于虾、贝和各种鱼类，可使用煎、烤、煮、烩等烹调方法，西班牙风味的"串烧扇贝"，就是用迷迭香的嫩枝把扇贝肉串起来煎成，造型新颖，口味独特。美国人在圣诞节烤火鸡和牛排时也一定会用到迷迭

炭烤牛柳

香。迷迭香还可添加在开胃小点心、布丁、面包及英式松饼中。

迷迭香也用来泡茶或制作饮料。饮用迷迭香茶对神经性头痛有缓解作用。欧洲民间常用迷迭香来杀菌，如在病房中点燃迷迭香树枝来净化空气，或用它的枝叶制造薰香来驱虫。在欧洲流行鼠疫期间，人们将迷迭香装在香囊中挂于脖颈下，行至感染区时拿出来嗅闻，想以此避免被传染。

迷迭香在东晋时通过丝绸之路传入我国，当时被认为是从西方传入的 12 种香料之一。至于迷迭香名称的来源，有人考证是源于曹植《迷迭香赋》："佩之香浸入肌体，闻者迷恋不能去，故曰迷迭香。"

园艺上的迷迭香有直立型和匍匐型，直立型品种适合用于精油生产，匍匐型品种适合食用。匍匐型品种的叶子一般比直立型品种的要小，枝条柔软下垂，茎叶也较为柔软，食用时口感较佳。

35

木姜子

Fragrant litsea

　　木姜子是樟科木姜子属的落叶小乔木，高 3—10
米。幼树树皮黄绿色，光滑，枝、叶具芳香味。叶
互生，披针形或长圆形。伞形花序腋生，总梗细长。
果近球形，无毛，幼时绿色，成熟时蓝黑色。花期
3—5 月，果期 7—9 月。

木姜子是木姜子树结的果实，形如小粒的绿色珍珠，有一种迷人的柠檬、姜、胡椒的混合香气。用手指轻轻地碾碎，散发的香气更浓。

据植物学家考证，木姜子树是我国广泛分布的芳香植物，南至广东海南、北至河南均有出产，但主要生长于西南和华南海拔在1500米左右的温暖山区。由于品种多，各地的叫法也有很多。如云南、贵州、四川及湖北等省份因其果实如胡椒，称之为山胡椒，广东称之为山苍子，在浙江叫山鸡椒，在福建则称赛樟树。

木姜子是南方偏远地带和山区少数民族居民的最爱，主要使用在少数民族的特色美食中。近些年来，随着交通状况的改善，这种香料才被城市居民所知，用木姜子调味的菜品带来的特殊香气，也逐渐受到越来越多人的欢迎。

如贵州"苗家花江狗肉"和"酸汤鱼火锅"，就是使用当地称为"酸汤菜果"的木姜子。都匀还有一道美味的"木姜鸡"，是把木姜子与大蒜、生姜、青椒一同爆香，之后再把鸡块放入锅中用猛火爆炒而成，味道香辣爽口，润滑鲜嫩。

布朗族、哈尼族、彝族、苗族、布依族都喜欢用木姜子入馔。湘西张家界的苗族"腌禾花鱼"，云南芒市的"核桃仁舂山胡椒"，蒙自的"木姜子牛干巴"，临沧的"山胡椒五花肉"等菜式中，木姜子都是重要的配料。鄂西土家族把新鲜木姜子果实洗净晾干后，加入蒜末、盐、辣椒和香油拌匀，就是一道下饭佐酒的开胃小菜。云南保山的"酱浸山胡椒"的加工方法也是异曲同工。

木姜子干燥的树根散发着浓郁的香气，是四川大凉山彝族朋友最喜爱的香料。彝族把木姜子干树根称为"木枯"，用小刀背刮下粉末，添加在制作完成的"砣砣肉""酸菜土豆汤"等菜肴中提鲜。因此，木姜子被称为"彝族的味精"。

木姜子在台湾泰雅族语中被称为马告或马奥，有绵延繁衍、充满生机之意。"马告刺葱木瓜鸡汤""马告刺葱炸

鸡块""椒盐马告溪哥鱼""马告清蒸
鱼""马告小鱼干炒辣椒"等泰雅
族的招牌菜，都离不开木姜子。

　　木姜子的花、叶和果皮还可
提取柠檬醛，供医药制品和配制
香精等使用。核仁含油率比较高，油
可以供给工业上使用。中医认为
木姜子的根、茎、叶和果实均可
入药。

云南木姜子蘸水鸡

　　值得注意的是，木姜子在中药业内被称为"荜澄茄"，
这个名称与原产印尼的胡椒科香料 cubeb 的中文译名完全
相同。不仅如此，它们的拉丁学名分别是 *Litsea cubeba* 和
Piper cubeba，其中的种加词完全一致，但从其属名上还是
能够对二者进行区分。

36

柠 檬

Lemon

柠檬是芸香科柑橘属植物。其植株为小乔木。叶片圆形或椭圆形。单花腋生或少花簇生，花瓣外面为淡紫红色，内面为白色。果实多为椭圆形，果皮厚，通常质地粗糙，难以剥离。种子小，卵形，端尖。花期4—5月，果期9—11月。

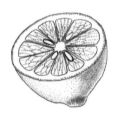

柠檬又称药果、益母果，是药食两用佳品。柠檬有亮黄色的外皮，闻起来芳香扑鼻。多汁的肉果含果酸达 6.4%，比橘、橙等同类水果高出十几倍。虽然不能像其他水果一样直接生吃鲜食，但在烹饪中用途十分广泛。

柠檬汁具有很强的去腥解腻的效果，尤其适合用于水产品烹饪，因此常常用在制作海鲜的过程中。法国人在食用生蚝时一定会滴上几滴柠檬汁，柠檬汁的清香和果酸伴着软嫩的蚝肉，入口令人产生鲜美和愉悦的感觉。

柠檬在西餐中应用广泛。柠檬汁与橄榄油按 1：3 的比例混合乳化，只须再加少许盐、胡椒，就是时令蔬菜、海鲜沙拉等开胃菜的最佳调味汁。如果在喝奶油类汤时挤上几滴柠檬汁，会顿觉清香爽口。在牛排、羊排、鸡肉等主菜里巧

美式柠檬派

妙地运用柠檬调味，也会有意想不到的效果。柠檬的外皮味酸微苦，擦成茸后与蒜茸、橄榄油和意大利香菜碎混合，添加在海鲜沙拉、煮牛舌和肉类中，是意大利料理常见的技法。用柠檬果肉与糖熬制的柠檬酱，更是制作意大利海鲜烩饭的秘诀。柠檬还能为甜品添加风味，如柠檬蛋挞、柠檬蛋糕、柠檬奶冻、柠檬布丁等，不仅色泽淡雅，而且口感松软酸甜。

柠檬汁在中式菜肴制作中也多有应用。如在传统的糖醋汁中添加适量的柠檬汁，可以使单纯淡薄的口味变得厚实自然、清爽可口。广西"柠檬鸭"、云南傣家"柠檬脆皮火烧猪"，也离不开柠檬的调味。

在去皮的苹果、朝鲜蓟、土豆、茄子上加一点柠檬汁，可防止它们氧化变黑。柠檬还可加工成柠檬片、柠檬茶、糖渍柠檬等各式

柠檬浓汤老鸭煲

制品。

　　柠檬原产于印度。直到公元 10 世纪，阿拉伯语的文献中才出现了关于柠檬的记载，不过当时的柠檬也只是花园植物和某些医生的实验药物。从 15 世纪起，柠檬才在意大利热那亚种植，并陆续传至美国、西班牙和希腊。柠檬在我国的栽培史比较短。

　　柠檬中含有丰富的维生素 C，一颗柠檬约可提供人体每日所需维生素 C 的 40%—70%。但由于柠檬味酸，故胃溃疡、胃酸分泌过多者应慎食。

37

牛　至

Oregano

　　牛至为唇形科牛至属的多年生草本或半灌木。根状茎斜生，节上具纤细的须根。茎直立或近基部伏地，四棱形。叶片卵圆形或长圆状卵圆形，常带有紫晕。花冠紫红、淡红至白色，管状钟形。小坚果卵圆形，褐色。花期7—9月，果期10—12月。

牛至

　　比萨是风靡全球的意大利风味食品。比萨的通常做法是在发酵的圆面饼上涂抹特制的番茄酱汁，再铺上奶酪和其他馅料烤制而成。在这种特制的番茄酱汁里有一种必备的香草——牛至，所以有人干脆称牛至为"比萨草"。

　　牛至在欧洲原产于地中海沿岸，其希腊语名意为"山中的喜悦"。古希腊人相信这种香草是爱与美的女神阿佛洛狄忒所创造出来的快乐和幸福。情侣会用牛至枝叶编成花环，互相戴在对方头上，以表达心中的喜悦和爱慕之情。而在罗马神话中，牛至则是用来敬奉爱神维纳斯的香草。牛至随着罗马人征战的脚步走遍欧洲，也被罗马人带入厨房。

意大利比萨

　　牛至不仅可为比萨调味，也是地中海菜肴常用的基本香料。牛至含有大量的芳香挥发油、苦味素和单宁，具有强烈的香气和些微的令人快乐的苦味，它会让菜肴的味道更丰富、更有层次感。

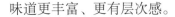

希腊牛至烩大虾

在欧洲，牛至通常用于烤肉、烩家禽、炖野味、烩海鲜及通心粉和沙拉等味道较浓的菜式中，如"希腊沙拉"，意大利"肉酱面条""瑞士式牛排"，奥地利"提洛尔省牛肝丸汤"及大名鼎鼎的"土耳其烤肉"等。德国人认为牛至和百里香混合是制作肉类香肠的最佳香草，有"香肠调料"之称。

由于新鲜的牛至味道十分浓烈，做菜时使用干制牛至的情况比较多。为了最大限度地保持牛至的香味，应在菜肴出锅之前放入牛至，否则长时间高温烹煮会让香味消散逃逸。

中世纪欧洲人认为牛至的香味可以辟邪，把牛至枝条挂在门口能阻止魔鬼和女巫进门，让人免遭厄运。文艺复兴时期，意大利人把牛至作为预防感冒的药草。

牛至在我国云贵地区有野生品种，称为"滇香薷""土香薷"。目前，这种香料在中餐厨房中还未得到广泛应用。

牛至在我国多药用，中医认为其汁液可治风湿症，加水煮沸的蒸汽能预防呼吸道感染，对咳嗽及牙痛也有疗效，其精油可改善头疼、失眠等症状。

38

芹 菜

Celery

　　芹菜是伞形科芹属草本植物。茎圆柱形，有纵棱，上部多分枝。根生叶叶柄基部膨大，奇数羽状复叶。复伞形花序顶生或与叶对生，小花两性，花冠白色。果实圆形或长椭圆形。花期4—6月，果期7—9月。

芹菜原产于地中海沿岸的沼泽地带，在 4000 年前埃及法老的墓中曾发现野生芹菜的种子。古埃及人在莎（suō）草纸纤维中掺入野生芹菜来增加莎草纸的张力。公元前 8 世纪，古希腊诗人荷马在史诗《奥德赛》中提到这种植物。古希腊人非常喜欢这种芳香植物，常用其代替月桂叶在婚礼上使用。在为纪念大力神赫拉克勒斯而举行的献祭运动会上，野生芹菜枝被当作头冠为优胜者加冕。传说尼米亚王子奥菲尔忒斯被藏匿在野生芹菜花丛中的毒蛇咬死，因此野生芹菜又被用作葬礼上的花圈。

在很长一段时间里，野生芹菜个头都非常小，并不被视作蔬菜，而是视为香草。直到中世纪，欧洲人才把芹菜当作蔬菜食用。17 世纪末，意大利人对芹菜品种进行改良，培植出现代的食用品种。

芹菜既是香草，也是常见的芳香蔬菜。在西餐里，芹菜、洋葱和胡萝卜组合，被称为"三位一体"的基础调味料，有着如同中餐中的葱、姜、蒜一般的地位。芹菜常用

作海鲜、肉类和禽类的腌料，也适合拌、烩、焖、煮，还常用于制作沙拉和汤品。

芹菜在中餐中的运用更为广泛，既可凉拌、热炒，也能用于制作馅心。凉拌时将芹菜切成寸段，沸水焯后过凉水，可除苦涩之味。在水中加一点白醋可保持芹菜的碧绿色泽和爽脆口感。拌上杏仁、豆腐干、黄豆或木耳等，加盐、胡椒调味，依个人喜好点几滴花椒油或辣椒油，就是清淡素雅的酌酒小菜。芹菜最适合与牛、羊肉一起热炒，其特殊的清香和肉类的香气相互渗透，相得益彰。无论是经典功夫菜"干煸牛肉丝"，还是近年流行的"麻辣香锅"，皆在烹调最后阶段以芹菜提味，犹如画龙点睛之笔。芹菜也是极好的素食用材。"西芹百合""香芹豆干""芹菜土豆丝""芹菜炒粉条""芹菜炒豆腐丝"等，皆

西芹百合

可品出芹菜作为素食材料的淡雅之气。

据传，在张骞出使西域的时候，芹菜就沿着丝绸之路传入了我国，并得名胡芹。到了公元 10 世纪的时候，芹菜就开始在我国广泛种植了。

香芹肉丸汤

为与水边生长的"水芹"相区分，在我国芹菜亦被称为旱芹。由于芹菜常作药用，因此也称药芹。中医认为，芹菜性凉，能健脑醒神，止咳利尿。可以说，芹菜是蔬菜中"食、药、香"三位一体的的佼佼者。

39

青 柠
Lime

青柠又称绿檬、来檬，是芸香科柑橘属植物。其植株为小乔木。叶片阔卵形或椭圆形，叶缘有细钝裂齿。总状花序，花萼浅杯状，花瓣白色。果圆球形、椭圆形或倒卵形，果皮薄，淡绿黄色，油胞凸起。种子卵形，种皮平滑。花期3—5月，果期9—10月。

青柠

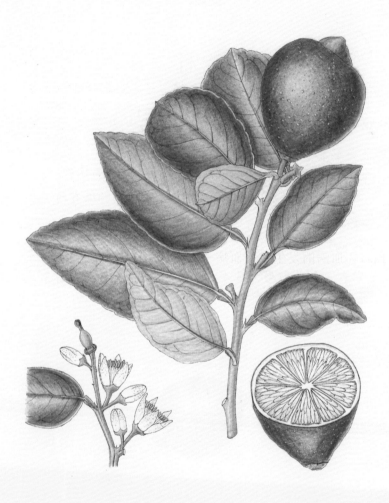

青柠的外形与柠檬相似，因果皮呈青绿色而得名。柠檬的果皮会随着果实的成熟而由青变黄，而青柠从挂果到成熟其果皮一直都是青色的。青柠汁多肉脆，闻起来有青涩的芳香，但吃起来却是味酸微苦。柠檬与青柠两者的营养成分基本相同，只是青柠中的柠檬酸和维生素 C 含量稍高些，因而其口感更酸。

19 世纪，英国人发现柑橘类水果富含维生素 C，可以预防坏血病的发生。坏血病一直是困扰水手的疾病，这一发现使长时间在海上航行的水手找到了良方。于是，英国海军每天给水兵配给柑橘、柠檬等水果，后改为青柠水，这在当时属于军事机密。英国水兵后来被讥称"Limey"，这个绰号就与青柠有关。

青柠除泡水外，在烹饪中也有用武之地。世界上很多地区的人都喜

烤三文鱼干

欢用青柠代替柠檬调制食物。在泰
国，口味酸辣的"青柠蒸鱼"，
是把用青柠汁腌过的新鲜鱼
类再加辣椒等调味蒸熟而成。
伊朗人几乎在每一道菜上都挤
上青柠汁，让它们散发出水果的
清香，如"波斯烤肉串""红花
米饭"等。秘鲁的国菜生鱼片

泰式青柠蒸鱼

"塞维切"，是将新鲜的鱼肉用青柠汁、洋葱、辣椒、胡椒、
盐等腌 20 分钟后食用；秘鲁国酒"皮斯科"，也是加青柠
汁和鸡蛋清勾兑而成。在欧洲，青柠不仅用于调制多种饮
料，也用于制作甜品"青柠派"和"青柠蛋糕"。"青柠泡
菜"则是南印度美食中一道必不可少的开胃菜。

青柠原产印度和东南亚，公元 900 年前后由阿拉伯商
人带到阿拉伯半岛，后传入埃及、北非和西亚的国家。当
时埃及人视青柠为解毒剂。中世纪，十字军东征时把青柠

带到法国、意大利和西班牙。1493年，哥伦布第二次航海到新大陆时把青柠带到海地，此后加勒比海许多岛屿都开始种植，称其为西印度青柠。16世纪，西班牙人又把西印度青柠传入墨西哥和佛罗里达附近的岛屿。

　　青柠在我国的栽培史较短，海南、四川等地均有出产。当地人称作酸柑的海南小青柠，皮呈黄绿色，果肉为淡黄色，味酸。海南人喜欢把辣椒切碎加上蒜末和酱油，最后挤几滴小青柠汁做成蘸碟，是吃烤鸡、煮鱼的最佳调味料。

40

球茎茴香

Florence fennel

球茎茴香是伞形科茴香属草本植物。茎直立，灰绿色或苍白色，多分枝。基生叶叶鞘肉质化，是构成"球茎"的主要结构。中、上部的叶片轮廓为阔三角形，4—5回羽状全裂，裂片线形。小伞形花序，花瓣黄色。果实长圆形。花期5—6月，果期7—9月。

在意大利，有一座因文艺复兴而闻名的历史名城——佛罗伦萨。17世纪时，意大利人在这里精心培育出一个小茴香的变种——球茎茴香。因这种茴香产自佛罗伦萨，因此它也被称为佛罗伦萨茴香。

如果将完整的球茎茴香植株从土中拔出，可以看到如同拳头大小、颜色为白色或浅绿色的球状结构，其重量一般为250—1000克。这就是叶鞘基部层层抱合形成扁球形的脆嫩球茎，也是主要食用部位。它具有茴香特有的甘甜与清香，其香味来自内含的茴香醚和茴香酮。

自17世纪以来，曲线优美的球茎茴香一直是地中海饮食中广受欢迎的芳香蔬菜之一。去掉坚硬的外皮，清洗干净后，再层层剥开肥厚的叶鞘部，便可直接食用。鲜嫩脆爽的口感类似西芹，适合拌沙拉生吃。如

香橙球茎茴香沙拉

球茎茴香

果把它放入冰水或冰箱中等一小时后再食用，则更加脆爽清甜。把它切成薄片，以盐和胡椒调味，再淋些柠檬汁和橄榄油，就是典型的意大利小菜。西西里人喜欢把球茎茴香与菊苣、橙子和橄榄拌在一起，作为凉菜。球茎茴香加热烹调后，味道会变温和，质地也会变软糯。把它切成块状，淋上橄榄油和调味料后，放在预热好的烤箱中烤 20 分钟，最后加入意大利香脂醋，可以作为意大利面条、意大利烩饭、烤肉或海鲜等的配菜，其色香味效果不俗。

球茎茴香的野生种可能起源于大西洋的亚速尔群岛。在古代埃及、希腊和罗马时代，均有其药用的相关记载。据说，1824 年，美国驻意大利佛罗伦萨的一位领事把球茎茴香种子带回美国赠送给杰斐逊总统。杰斐逊对球茎茴香一见钟情，宣称这是他晚年最喜欢的芳香

球茎茴香煮贻贝

蔬菜。这个在当时非常罕见的物种,几十年后在美国流行起来。

球茎茴香传入中国有 100 多年的历史。1904 年,清朝政府驻奥地利代办吴宗濂将它带回国内,它却一直未受到国人重视。时隔 60 年后的 1964 年,它由古巴再次引进,但仍没有得到推广。直到近年来,为满足涉外饭店和大型超市日益增长的需求,国内才纷纷引种、栽培。

41

肉豆蔻

Nutmeg

肉豆蔻又叫肉果、玉果，是肉豆蔻科肉豆蔻属的一种小乔木。幼枝细长，叶近革质，椭圆形或椭圆状披针形。雄花序长 1—3 厘米，雌花序较雄花序为长；花被裂片 3 个，外面密被微绒毛。果通常单生，具短柄。种子卵珠形。

肉豆蔻

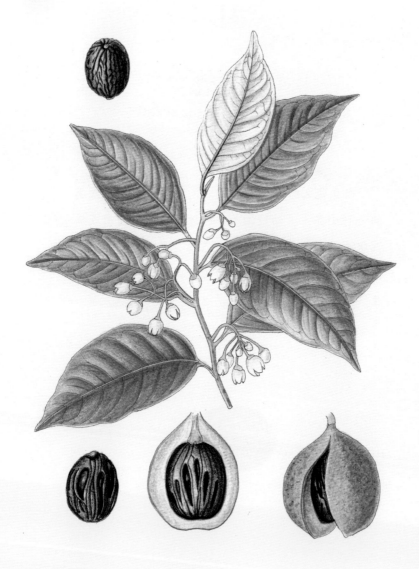

国旗是一个主权国家的标志，其形状、颜色及图案都有一定的含义。位于东加勒比海最南端的岛国格林纳达的国旗上竟有一种香料——肉豆蔻，这在世界各国国旗设计上是罕见的。有趣的是，格林纳达并非肉豆蔻的原产地，这种植物是 19 世纪中期才引种到该国的。

肉豆蔻原产于印尼。在公元前 1 世纪，阿拉伯商人最早把肉豆蔻带到了欧洲，为了抬高出售的价格，狡猾地说肉豆蔻的产地是一个神秘的地方。

据史料记载，肉豆蔻是在公元 3 世纪，经由爪哇运抵中国。肉豆蔻最早在中国是作为药物来使用。如今，在我国云南、广东、海南及台湾都有出产。

肉豆蔻在中餐烹饪中常与其他香辛料混合，用于各菜式当中。在西餐烹饪中，肉豆蔻粉广泛用于清汤、牛羊肉、鱼类、蔬菜等菜肴的增香，亦是制作水果布丁、巧克力、饼干等甜品的常用赋味料。在调制某些鸡尾酒时，如添加少许肉豆蔻粉于其中，会别有风味。肉豆蔻也是配制咖喱

酱牛肉

粉不可缺少的配料。需要注意的是，肉豆蔻粉的气味浓烈，而且其所含挥发油中的肉豆蔻醚有一定毒性，如食用过多，会使人出现幻觉乃至昏迷。所以，在烹调中，使用量应当掌握好。

因肉豆蔻醚有令人兴奋和致幻的作用，从古罗马时代开始就有人把这充满异国情调的香料当作催情剂，称其为"令人心醉的果子"。

中世纪时，肉豆蔻仍是充满诱惑和令人垂涎的奢侈品。而它可用于预防黑死病和抵御瘟疫的医疗用途，更使它的价格飞涨。巨额的利润必然会引来贪婪与邪恶。17世纪初，荷兰人用武力取得了原本由葡萄牙人控制的香料贸易权。为了保持香料贸易的高价，荷兰人烧毁了大量肉豆蔻树林，还将肉豆蔻放进石灰水里浸泡，晾干后再运到欧洲，目的是使肉豆蔻无法在其他地方培植。

英国人力图获得肉豆蔻的种子和树苗移植于他们的殖民地的计划，直到18世纪末才成为现实。19世纪中叶，肉豆蔻树苗被带到了格林纳达，此后成为格林纳达的重要经济作物。如今，格林纳达是位列印尼之后的世界上第二大肉豆蔻主产地。1974年，格林纳达人自豪地把这种特产香料图案设计在自己的国旗上。

肉豆蔻是一种药食两用的植物，在热带地区广泛栽培。它的雌雄树必须种在一起，否则不能结果实。到生长的第八年，枝头才挂上青涩的果子，犹如一颗颗即将成熟的杏子。成熟后果肉会自动裂开，露出包裹在果核外层的鲜红色网状组织——假种皮（也称肉豆蔻衣），而最里面的种仁即称为肉豆蔻。肉豆蔻及其假种皮都散发甘甜而迷人的香气，因此肉豆蔻树是为数不多的会产出两种香料

印度奶酪马萨拉

的树种。

肉豆蔻种仁十分坚硬，使用时需用专门的肉豆蔻研磨机制成粉。新鲜假种皮放在棚内风干至色泽发亮、皱缩，再压扁后晒干，从鲜红色变为橙红色，即成肉豆蔻衣。中医以肉豆蔻的种仁和假种皮入药，认为其有暖脾胃、散寒下气等功效。

42

沙 姜

Galanga resurrectionlily

沙姜是姜科山奈（nài）属的植物。根状茎块状，单生或数枚连接，淡绿色或绿白色，芳香。叶贴近地面生长，近圆形。花朵顶生，白色，有香味，易凋谢。蒴果。花期8—9月。

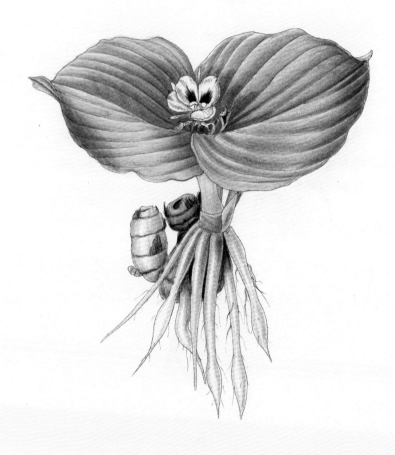

沙姜是我国南粤一带常用的香料，与高良姜和姜并称为"三姜"。其性耐旱耐瘠怕浸，喜生长于砂石土中，故称沙姜或砂姜。沙姜还有山奈的别称，又因谐音被讹称为三奈、三赖及山辣等。

沙姜和我们常用的姜在味道上有很大差别，它特殊的药材香味主要来源于它所含的挥发油。南粤客家菜以沙姜入馔，最著名的莫过于"盐焗鸡"。这道经典菜式起源于清朝时期的广东惠州。客家人将三黄鸡宰杀除去内脏后吊起风干，然后在鸡腔内抹涂沙姜粉、盐、芝麻油和猪油的混合物，用草纸将整只鸡严实包好，在砂锅中放入炒热的粗盐，然后将鸡埋入热盐中，闷焗约20分钟至熟，熟后取出。此鸡色泽金黄，皮脆爽，肉鲜滑，味香浓。早期叫"客家咸鸡"，因粤语称此技法为"焗"，故又称"盐焗鸡"。

盐焗鸡

砂锅霸王牛肚

因此法制作的鸡肉具浓郁的沙姜风味，沙姜是"盐焗鸡"的灵魂，故也有"沙姜盐焗鸡"之名。

与其他香料的功用一样，沙姜在烹饪中可去掉动物性原料的腥、臭、膻、臊异味，适用于腌、炒、烧、煮、焖、蒸、酱、浸、爆、焐、蒸等多种方法，如广东的"沙姜浸滑鸡""沙姜盐焗猪肚""沙姜焗猪脷（lì）""沙姜猪手""沙姜凤爪""沙姜胡椒煲猪杂""沙姜鱼头煲""沙姜焗梭蟹""沙姜鱿鱼须"等。福建客家菜有"三奈牛肉丸清汤粉""三奈牛杂""牛杂兜汤""沙姜牛肉""客家沙姜鸭"等。

沙姜的嫩叶也可以入馔，沙姜叶没有块茎那么辣，但有奇特的芳香。广西名菜"沙姜叶蒸田鸡"，是将沙姜叶与田鸡拌匀后蒸约10分钟，使得田鸡肉香与沙姜叶奇妙的鲜香气息相得益彰。

沙姜原产于印尼和马来半岛一带，传入中国有 2000 年历史，古称"廉姜"。北魏《齐民要术》和唐代《异物志》中均有记载。中医认为沙姜味辛，性温，有温中散寒、开胃消食、理气止痛的功效。在我国的主要产地为广西、广东、海南、福建、云南和台湾等。

沙姜不宜一次性多食，因内含姜辣素，在经肾脏排泄过程中会刺激肾脏，并导致口干、咽痛、便秘等症状。

43

砂 仁

Cocklebur-like amomum

砂仁是姜科豆蔻属植物。株高 1.5—3 米。茎散生，根状茎葡匐于地面。中部的叶片长披针形，上部叶片线形，基部近圆形，叶舌半圆形。穗状花序椭圆形，被褐色的短绒毛。蒴果椭圆形，成熟时紫红色，干后褐色，表面有柔刺。种子多角形，有浓郁的香气，味苦凉。花期 5—6 月，果期 8—9 月。

砂仁原产于东南亚的热带和亚热带。我国南方广东、广西、云南、海南、福建均有出产，其中以广东阳春的砂仁最出名，被称为阳春砂仁或阳春砂。

关于阳春砂仁，当地有一个传说：很久以前，广东阳春曾发生了一次牛瘟，而唯独蟠龙金花坑附近的耕牛没有发病，据说是吃了一种散发浓郁芳香的草，后来人们发现这种草就是砂仁的植株。从此阳春砂仁名声大噪，百姓纷纷种植。阳春砂仁在同类植物中品质最好，历来被视为"医林珍品"，也是我国四大南药之一。

作为香料使用的砂仁是其成熟果实，芳香微苦，可除腥膻异味。在我国传统烹饪中，利用砂仁调味的经典之作非鲁菜"九转大肠"莫属。这道名菜就是利用砂仁粉的"苦"香，抑制猪大肠的腥臭瘴气，化解其肥腻感，化腐朽为神奇，从而脱颖而出，成为与"葱烧海参"齐名的传统名馔。由于在制作工艺上采用了九道工序，契合了道家"九转炼丹"之意，故名"九转大肠"。

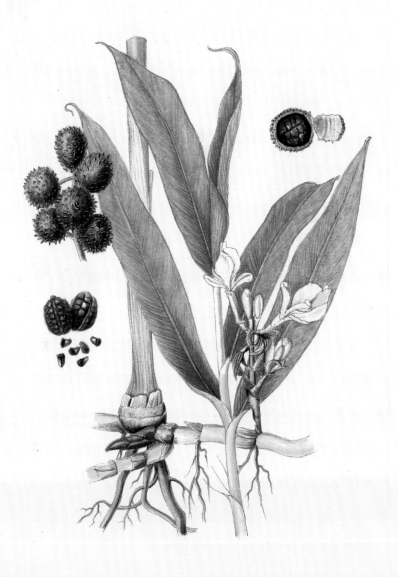

砂仁通常与其他香料混合使用，适于炖、焖、烧、煨、卤、酱、腌等方法，是制作烧鸡、烤鸭、熏肉、腌制榨菜、话梅的调料。在制作蒸菜时，砂仁可以与各种肉类巧妙搭配。

九转大肠

"砂仁蒸猪腰"是民间传统的保健食品，制作方法是，将研末的砂仁与洗净切片的猪腰拌匀，加入少许油盐调味，上笼蒸熟食用。"砂仁蒸鲫鱼"需先将砂仁研碎放入小碗中，加入芝麻油和食盐调和均匀，抹在鲫鱼的腹腔内，再以适量的淀粉抹在鱼腹开口处，以免料汁外流。处理好的鲫鱼放入蒸锅中蒸熟，一道美味的"砂仁蒸鲫鱼"就出锅了。而"砂仁蒸鸡"则是将剁块的鸡肉焯水，加入葱、姜、盐、绍酒、枸杞等，均匀撒上研磨成粉的砂仁，上蒸锅蒸约半小时。砂仁粥也是传统美味，制作方法是待粥将熟时调入砂仁末稍煮而成。另外，砂仁还可做成"砂仁炒鳝丝""砂仁焖排骨""砂仁馒头"等。

砂仁也是红、白卤水和酱货的重要香料，可与其他香料一起配制出复合味型的风味食品，如山东德州扒鸡，安徽符离集烧鸡，河南道口烧鸡、张集熏鸡、孔集卤鸡等。还可以用于灌制香肠，在广式春砂仁腊肠、山东博山香肠、河北大名五百居香肠等里面都有砂仁。

广东阳春近年来利用砂仁深度加工成系列产品，如砂仁茶、春砂蜜饯、春砂糖、春砂醋、春花白酒等。用砂仁叶提炼的砂仁叶油具有清凉的香味，略带苦药味，可用于制作砂仁糕点。

砂仁入药，中医认为其具有温脾、健胃、消食、行气调中的作用。

44

山萮菜

Wasabi

山萮菜是十字花科山萮菜属多年生的宿根耐寒草本植物。根状茎圆柱形，外皮粗糙，青褐色。近地面处生数茎，直立或斜上升。叶片近圆形，边缘有波状齿。十字形白花。果实为长圆筒状角果，微弯曲。种子长圆形，褐色。花期3—4月。

山葵菜

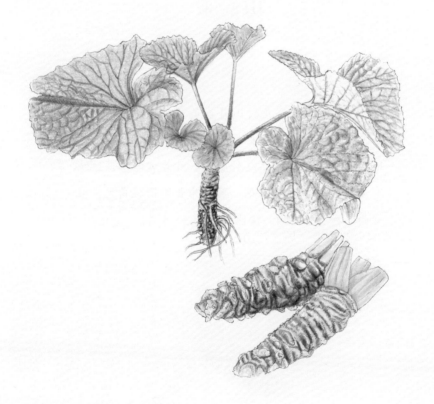

　　山葵菜也叫山葵，是日本料理中不可缺少的重要调料，其地下根状茎具有特殊的香辣气味。

　　日本人在江户时代开始生食金枪鱼，并用山葵菜根状茎研磨成泥来消除生鱼的腥味。研磨山葵菜根状茎需要特殊工具，通常是用干制的鲨鱼皮或用不锈钢材料特制的锉板。用这种锉板擦出的山葵菜泥，不但味香、质地黏，且绿色鲜亮。食用时最好现用现做，防止气味挥发。研磨时也需要技巧，即转圈研磨，不要上下直磨，否则会破坏山葵菜本身的纤维而导致味道发苦。

　　在日本料理中，山葵菜泥通常用于为"生鱼片（刺身）""四喜饭（寿司）"和"荞麦凉面"等调味。山葵菜泥具有强烈的辛辣味，多食后直冲鼻腔，刺激泪腺，令人难以忍受，但喜好者却大呼过瘾。如果误食过多，只要端起一杯

江户前金枪鱼寿司

清酒于鼻下，轻吸酒气，辛辣味就会迅速缓解。

山葵菜的地上嫩茎和鲜叶略有根部的辣香味，可以作为新鲜蔬菜食用。在日本，其鲜叶可制成"蔬菜沙拉""山葵鲜叶牛肉卷""山葵叶天妇罗"等。嫩茎可以切成段或薄片，与味噌酱、酒糟、醋等腌制成"山葵咸菜"，还可制作成"山葵饭茶"，作为佐酒、下饭的小菜，别有风味。日本还开发出很多具山葵风味的衍生品，如"山葵酱油""山葵冷茶""山葵盐""山葵芝麻""山葵饼干""山葵糖果""烟熏山葵奶酪""山葵酒"等。

人们经常把山葵菜与辣根及芥末混淆，它的叫法也五花八门，如日本芥末、日本辣根、绿芥末、青芥辣等。其实它既不是芥末，也非辣根。

为了降低成本和适应生活的快节奏，世面上出现了粉状山葵菜或管状包装。由于山葵菜干燥后香辣味会迅速挥发，所以这种代用品中的山葵菜含量极少，多数是添加了辣根、芥末和食用绿色素等成分。其辣度虽超出天然的山葵菜，但香气远不如真正的山葵菜，价格也有很大差距。

山葵菜可解酒，还具有杀菌和杀灭消化系统寄生虫的作用。日本人在盛放面包、年糕的容器中涂上山葵菜泥，以防止生霉菌。

山葵菜对气候、水源、土壤等自然条件有很严格的要求，喜欢生长在温度低、水质清澈的山野溪谷中或沼泽地带。它们既不需要肥料，也不需要细心照顾，是一种不会造成任何环境污染的绿色食品，也是一种经济价值很高的香料植物。

日本是山葵菜的原产地，"山葵"是其名称的日文汉字写法，因其叶片酷似葵叶而得此名，日语发音为"哇莎莎"，英文名 wasabi 就来自日语发音。成书于公元 918 年的日本最早的本草学著作《本草和名》中，就曾记载了这种植物。

45

莳　萝

Dill

　　莳萝是伞形科莳萝属植物。茎杆中空，圆柱形。叶3—4回羽状全裂，裂片丝状。黄色小花呈伞状分布。双悬果椭圆形，成熟时褐色，两侧延展成翅状。茎叶及果实有茴香味。花期5—8月，果期7—9月。

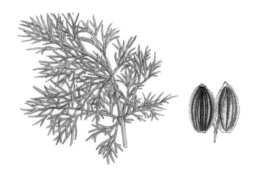

　　莳萝的外形酷似茴香，因此常被误认。它们是同科而不同属的植物，从植株或味道上可以区分：莳萝的根部只生出一株茎，而茴香则有层层包裹的茎叶；莳萝味道温和香甜，比茴香更具清凉感。

　　莳萝是西餐中常用的香草，尤其在斯堪的纳维亚半岛使用最为广泛。最著名的是"北欧风味腌三文鱼"，用盐、糖、莳萝腌制，既解腥气，又能添色增香。挪威的"酸奶油莳萝扒鲑鱼"，是把大块鲑鱼放在炭火上扒熟，配上酸奶油莳萝酱汁和煮土豆。芬兰的"鱼肉馅饼"，是把三文鱼、大米、鸡蛋和切碎的莳萝拌在一起作为馅料，而"莳萝螯虾"是把螯虾放入清水加上莳萝煮熟即可。还有瑞典的"奶油莳萝酱汁三文鱼柳"，其加工方法也是大同小异。

莳萝三文鱼

　　莳萝种子的气味较强烈，适合

蒔萝

用于黄瓜泡菜、马铃薯、肉类、黑麦面包、咖喱、烤鱼等。而在印度，莳萝籽会被用在咖喱粉中。莳萝籽榨出的油具有类似黄蒿的香甜味，可用于饮料、饼干等的调味。

莳萝原生于西亚，后传至地中海沿岸及欧洲各地。人类很早就利用莳萝，据5000年前的古埃及文献记载，当时人们将莳萝、香菜、泻根混合在一起，作为镇静剂，用于治疗头痛等症。古希腊人利用莳萝止嗝、祛胀气、清洁口腔异味。被西方尊为"医圣"的希波克拉底还用烧过的莳萝种子来促进士兵伤口的愈合。在古罗马时期，角斗士在竞技前会用莳萝的汁液涂擦自己健壮的肌肉，他们相信莳萝能给自己带来幸运。

挪威民间认为莳萝有多种疗效，如莳萝籽煮水能安慰夜啼的婴儿、促进消化，还能促进母乳分泌，改善呼吸，治疗不停的打嗝，还有强壮指甲的作用。

在中世纪，欧洲人认为莳萝不但具有魔力，是许多魔法药水的成分，而且还可以用于抗拒巫术和魔法。因此，那时的人们多喜在大门或窗口挂莳萝来驱魔，或者把它当作幸运的护身符随身携带。正因如此，莳萝也被当作祈求爱情的灵药，少男少女有了意中人时，会偷偷将莳萝种子塞进对方的口袋，祈求两人能幸福相爱。

早期的欧洲移民把莳萝带到北美，称其为"礼拜的种子"，据说是因为在教堂漫长的布道过程中，父母常常让孩子咀嚼莳萝的种子来缓解饥饿。

莳萝于唐朝时从海上丝绸之路传入我国南方，宋朝《开宝本草》就有莳萝药用的记载。尽管莳萝在中国已有1000多年栽培史，但一直未得到推广。

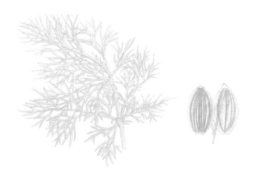

46

鼠尾草
Sage

　　鼠尾草是唇形科鼠尾草属的一年生草本植物。须根比较密集。茎直立，茎下部叶为二回羽状复叶，茎上部叶为一回羽状复叶。花序顶生，花萼筒形，花冠淡红、淡紫、淡蓝至白色。小坚果椭圆形。花期6—9月。

鼠尾草

鼠尾草气味芬芳，味道略苦、辛辣，适合用于肉类料理，如烩类、酿馅、香肠等的调味。香肠的英文 sausage，就是由 sau（腌过的猪肉）+sage（鼠尾草）组成的。意大利菜"罗马式小牛肉"、法国菜"普罗旺斯烤猪肉"、英国菜"焗罐羊肉"等，都离不开鼠尾草调味。在德国和意大利的一些肉铺里，店主会附送新鲜的鼠尾草叶给顾客。

鼠尾草原产于地中海沿岸，其英文名来自其拉丁语名 salvia，有健康、治疗之意。由此可见，它最早的功用是保健而非饮食调味。鼠尾草具有很高的医疗价值，许多古代西方医学家的著作中都曾有记录。如古希腊医生希波克拉底搜集的药草中就有鼠尾草。古罗马博物学家老普林尼在其《博物志》中，对鼠尾草的治疗功能有专门的论述。在古罗马时期，鼠尾草被敬重有加。据说，在采摘鼠尾草时有一套礼仪，采摘人先要沐浴，洁净身体后穿上白色衣袍，并准备面包和酒作为供品，然后毕恭毕敬，赤足采摘。

古代的欧洲人相信鼠尾草可以使人精力充沛、寿命延长。古希腊、古罗马时的谚语中有"栽种鼠尾草就会长生不老";英国民间流传"想长寿就在5月吃鼠尾草"的说法;法国人认为鼠尾草有缓解悲伤的作用,还能补养身体,故有"家有鼠尾草,医生不用找"之说。

与莎士比亚同时代的英国著名植物学家约翰·杰拉德在1597年出版的《本草要义》中有这样的记录:鼠尾草可提高记忆力,让人头脑灵活、思维敏捷。16世纪,在中国茶叶进入英国以前,英国人常泡鼠尾草叶片来作茶喝。这种鼠尾草茶,是当时广受欢迎的健康饮料。

鼠尾草是在17世纪由荷兰商人带入中国的。刚开始,中国人并不熟悉鼠尾草的这种香味,

鼠尾草酿鸡卷

常将其与紫苏比较，名之洋紫苏。中医认为鼠尾草具有静心功效，因此其广受香熏治疗师的青睐。

鼠尾草有多个品种，如三色鼠尾草、快乐鼠尾草、紫红鼠尾草、菠萝鼠尾草等。鼠尾草四季均可采收茎叶，也可于秋季整株采割，将茎叶晒干粉碎，储于密封的容器里备用。

水 芹

Water dropwort

　　水芹是伞形科水芹属草本植物。匍匐茎圆柱形，茎节易生根，下部每节膨大，绿色，有纵条纹。复叶互生，1—2回羽状分裂，小叶或裂叶卵圆形或菱状披针形。复伞形花序，花瓣白色。果实椭圆形或长圆形。花期6—7月，果期8—9月。

水芹是中国最早利用的芳香植物之一，其茎白芽黄，鲜嫩脆爽，香味袭人。相传早在 3000 多年前的周代，野生水芹就被用于祭祀中。

古人视水芹为文雅的象征，《诗经》中就有"思乐泮水，薄采其芹"的诗句，是说鲁国士子在泮池中摘采水芹，插在帽缘上，以示文才。这就是后世称读书人为"采芹人"的由来。著有《红楼梦》的曹霑，给自己取的三个号都有"芹"字——雪芹、芹圃、芹溪，以示高雅的性情、与古人相通的心境。而在民间，人们喜欢给女孩用"芹"字起名，是取水芹的朴素之美。

唐代诗人杜甫以"鲜鲫银丝脍，香芹碧涧羹"赞颂水芹的清香。宋代大文豪苏东坡也爱吃芹菜，他在被贬黄州时，用当地的水芹与家乡眉州的斑鸠创造出流传至今的佳馔，并有诗曰："泥芹有宿根，一寸嗟独在。雪芽何时动，春鸠行可脍。"

经初春雨水滋润后，水芹的嫩茎和叶柄质地鲜嫩，清

水芹

香爽口。不需过多的调味，只需少许盐、一点油，凉拌、炝、腌或制成泡菜，下酒送饭皆宜。水芹不仅可单独成菜，也可与肉类、海鲜及豆制品等搭配，香气互补。通过爆炒等技法，其鲜美和清香释放得更是淋漓尽致，如上海本帮菜"水芹炒干丝"、川菜"水芹炒百

白灼水芹

叶"、淮扬菜"水芹炒肉丝"、湘菜"腊味水芹"、鄂菜"砂锅水芹"、粤菜"白灼水芹"等。水芹还可以用来做馅，用于"水芹羊肉饺子"和"水芹鸡蛋馅饼"等。

　　水芹原产于亚洲东部，喜欢生长在沙质土壤上和低洼沼泽边，在我国中东部和南部栽培较多。中国各地有不同的方言，也赋予水芹不同的解释。芹和勤同音，可喻为勤奋之意，有的地方大年初一早上吃面条和芹菜，寓意勤劳可获长寿。江苏方言中"芹"与"群"发音相似，过年时

吃水芹菜，也叫"吃群菜"，意味着一家人团圆吉祥。水芹在江苏还被称为"路路通"，被寄予美好的心愿和祝福，是新春佳节一道必不可少的佳肴。而湖南话中"芹"则与"穷"谐音，为避"穷"字，湖南人聪明地称水芹为"富菜"。更有趣的是，在台湾、福建等地的闽南语中，"芹"的发音也有"随便""都可以"之意，因此也是家常菜的意思。

48

锡兰肉桂

Ceylon cinnamon

锡兰肉桂是樟科樟属的一种乔木。枝条圆柱形，黑褐色，幼枝略呈四棱形，黄褐色，密被灰黄色短绒毛。叶互生或近对生，长椭圆形至近披针形。花白色或黄色。果椭圆形，长约 1 厘米，成熟时黑紫色。花期 6—8 月，果期 10—12 月。

锡兰肉桂

　　说起世界上最古老的香料，莫过于很早就被赋予神秘色彩的肉桂，其神秘不仅是因为它的用途，更是因为因它而发生的很多影响世界的事情。

　　锡兰肉桂因原产地是锡兰（今斯里兰卡）而得名。其作为香料的利用部位是植株的树皮，外表呈牛皮色，有温和细腻、略带甜味的香气，犹如斯里兰卡旖旎的风光。大约在公元前 1500 年的时候，它就传入了埃及，当时被古埃及人用于巫术和木乃伊防腐。后来又被带至中东，在宫廷贵族中广泛使用。

　　《圣经》中也有一些关于肉桂的记载。如《出埃及记》中说到了用肉桂与其他香料、橄榄油等进行混合，调制成圣膏油，涂抹在犹太新任国王额头上。而《诗篇》中，也有"你的衣服都有没药、沉香、肉桂的香气，象牙宫中有丝弦乐器的声音使你欢喜"的记述。

　　在古希腊和古罗马时期，肉桂被通行于欧亚之间的阿拉伯商人所垄断。据历史学家希罗多德记载，阿拉伯商人为了抬高肉桂的价格，甚至编造出肉桂原本是一种凶猛大鸟筑巢时使用的，他们冒险从大鸟的巢中将其抢夺而来的神奇故事。这个故事一直流传到马其顿国王亚历山大大帝率军行至印度发现肉桂树后才结束。但，肉桂仍然是最贵重的香料。如在公元 1 世纪，老普林尼在其《博物志》中提到，肉桂的价值是白银的 15 倍。因肉桂当时主要用于宗教仪式的熏香、庆典或葬礼上的焚香，且十字军东征使更多的欧洲人都熟悉了肉桂，感觉拥有肉桂是一种身份的象征，所以越来越多的人希望设法获得这种来自东方的富于异国情调的香料。

1505 年，葡萄牙人在寻找肉桂和其他香料来源的途中，无意发现了一条绕过好望角、通过印度到达锡兰的路线后，由此开始了对锡兰的殖民统治，奴役岛上人口和控制肉桂贸易约一个世纪。接踵而来的是荷兰殖民者掠夺了锡兰所有的肉桂，为了垄断肉桂，竟然颁布不允许当地人私自出售一根肉桂，否则处以死刑的法令。随后，贪念让海上的霸权新贵英国闻风而至。当时，英国东印度公司与锡兰之间的最大贸易便是交易肉桂。直到 1833 年英国人废止了出口的独占权之后，肉桂才可以在锡兰以外的其他地方进行种植，如爪哇、苏门答腊、婆罗洲、毛里求斯、留尼汪和圭亚那等地。如今肉桂在南美洲、西印度群岛也有生长。

在斯里兰卡，当地人先将树皮采剥下来，然后卷成捆并堆放发酵 24 小时，等到去除其粗糙的外层并作干燥处理后，再分割成大约 20 厘米长的小段。成品呈卷筒状，褐色。锡兰肉桂与中国桂皮的一个不同之处在于，前者仅选用内外均光滑的树皮内层。

肉桂与桂皮都需要较长时间加热才能完全释出香味。中国桂皮除了主要用于炖煮、茶饮之外，还用于中药，而西方人更愿意把肉桂

意大利卡布奇诺咖啡

239

研磨成粉末，添加在烘烤的各种糕饼、水果蜜饯等甜食中使用。意大利人别出心裁地把肉桂卷用作卡布奇诺咖啡的搅拌棒，既可作搅拌之用，又让咖啡沾上肉桂的香气，可谓一举两得。

240

49

细香葱

Chive

细香葱是石蒜科葱属多年生植物，有香葱、虾夷葱、四季葱、火葱、西洋细葱、西洋丝葱、冬葱、青葱的别称。鳞茎聚生，外皮红褐色、紫红色、黄红色、黄白色。叶薄，管状，深绿色，常略带白粉。花淡蓝色或淡紫色。

　　在葱属家族中，有很多外部形态各不相同、味道亦有差别的品种。其中叶子纤细、挺秀的细香葱，地下根部没有大的鳞茎，但有温和的洋葱香气以及轻微的辛辣味道。

　　细香葱的外形如同小草丛生，鲜绿色的葱叶中空，挺拔而优雅，茎部细柔而香辛，紫色的花苞包裹在半透明的膜内，开放时如薰衣草花般随风摇曳。

　　在西餐中，细香葱适合用于各色菜式，如法式的"土豆沙拉"，土耳其的"芒果酸辣酱沙拉""西班牙冻汤"，瑞士的"火腿洋葱卷""爱尔兰炖羊肉"等。烹饪大师们经常会用专用剪刀或利刃刀具将细香葱剪碎、切碎后使用，这样香气能很好地释放出来。剪碎或切碎后，可加在沙拉、煎蛋卷、鸡肉、鱼肉、小牛肉、奶油、奶酪、黄油、白色酱汁、三明治、汤以及腌制品、面包和咸味饼干中。但需要注意的是，无论是在做沙拉、开胃菜还是在做主菜的时候，都不应过早加入进去，否则其香度和色泽都会损失。尤其是加热后，其中的挥发油会瞬间在空气中释放，宝贵

法国维希冷汤

的维生素 C 也会很快流失。所以最好是在菜肴完成前的最后时刻加入。

细香葱的花朵与其叶茎不同，有一种温和、别致的味道，适合添加在沙拉中调香，风味极佳，同时也是上佳的盘饰。细香葱的味道在开花后会变得浓重，为了保持品质，最好在开花时或在开花前使用。

细香葱的原产地有两种说法：一种说法是原产于亚洲，因为它与中国香葱极其相似，中国香葱在 4000 年前就有文献记录。据说细香葱是意大利旅行家马可·波罗把中国香葱引入欧洲后培育而成。另一种说法是其原产地就在欧洲，原因是在阿尔卑斯山曾发现接近现在普遍栽培品种的野生品种。

古罗马人相信细香葱有减轻暴晒后果或喉咙疼痛的作用，并将其作为利尿剂使用。中世纪的欧洲人认为，细香葱的香味可治疗忧郁，驱邪避疾。人们把它挂在天花板或床头，以求平安。在一个多世纪前，欧洲的吉普赛人还以细香葱为占卜的道具预测未来。

作为美食香草，细香葱也可栽种在家里阳光充足的厨房或窗台上。只需剪下连根部 6 厘米以上的长度栽种在花盆中，假以时日，就可以像收割韭菜一样经常对其加以采摘利用。

50

香 椿

Chinese cedrela

　　香椿又叫香椿芽、香桩头，是楝（liàn）科香椿属乔木。树皮粗糙，深褐色。叶具长柄，偶数羽状复叶，小叶卵状披针形或卵状长椭圆形。花瓣白色，长圆形。蒴果狭椭圆形，深褐色。种子有翅。花期6—8月，果期10—12月。

香椿是香椿树上的嫩芽。每当清明前后，初发的香椿树芽就会随风摇曳，飘来阵阵香气。

香椿有紫椿和绿椿两种。紫椿的叶呈绛红色，叶厚茎嫩，富有光泽，犹如玛瑙，香味浓郁，是香椿中的极品。绿椿幼芽碧绿，好似翡翠，香气较淡。

香椿可凉拌、炒、油炸，还可盐渍。"香椿拌豆腐"，是将香椿焯水，然后和切成小丁的豆腐均匀混合而成。"香椿豆"，则是把黄豆煮熟后拌上香椿碎。除了这些家常凉拌小菜，"香椿炒鸡蛋""炸香椿鱼儿"也是常见的大众菜肴。

中国是世界上为数不多的以香椿嫩芽入馔的国家。据说中国人从汉代起就开始食用香椿了，但最早见于文献的食用记录是在宋代苏颂所著的《本草图经》中，书中说椿木的叶子有香味，可以食用。明代时有了温室栽培香椿的方法，让一些达官显贵有可能在冬季享受到这种美味。现在，很多地区把香椿放在大棚里矮化栽培，这样一年四季平常人家也能吃到香椿了。

香椿

谷雨前是香椿最佳的采食季节。民间有"雨前椿芽雨后笋"和"雨前椿芽嫩如丝，雨后椿芽生木质"的说法，说明采摘时节对原材料质地的鲜嫩与否有重要影响。

云南香椿芽卷

香椿树速生而且长寿，所以人们常以"椿令""椿年"祝人长寿。成语"椿萱并茂"以香椿树和萱草分别代称父亲和母亲，因为香椿树寿命很长，而萱草可以使人忘忧，意思是父母均健在、安康。

中国是香椿的故乡，很多地方都种植香椿，其中安徽的"太和香椿"、山东的"神头香椿"以及云南大理鸡足山和河南信阳出产的香椿为上品。

香椿嫩芽含有香椿素等挥发性芳香物质，营养丰富。

51

香　茅

Lemon grass

　　香茅是禾本科香茅属多年生草本植物。香茅茎干由嫩叶片层层包裹，高1—2米。叶片长0.8—1米，宽约1.5厘米，两面均呈灰白色且显粗糙。

香茅也称柠檬草，又称柠檬茅、香巴茅等，具有柠檬和青草的混合香气。

香茅原产于东南亚地区，是典型的热带地区香草。香茅外形与普通野生芒草相似，一簇簇浓密丛生，细长的叶片从茎上分散开来，散发出沁人心脾的柠檬香气。这种香气来自其内含的柠檬醛，其芳香程度甚至超过柠檬，且越近根部香气越浓、越持久，适合较长时间的加热烹饪。

香茅是东南亚菜系中最常用的香草之一，常用于给鱼、肉等原料增香，如泰式"香茅沙拉""香茅椰子鸡汤"，越南"香茅猪排""牛肉汤粉"，马来西亚"叻沙面""仁当牛肉"，以及印尼"沙爹肉串"等，这些东南亚特色菜都离不开香茅的调味。

在云南西双版纳的傣历新年期间，至今仍然保持着青年男女"赶摆黄焖鸡"的古风。赶摆就是赶集，傣家少女把用香茅烧好的黄焖鸡带到集市上出售，遇到不中意的小伙子就胡乱要价，遇到喜欢的小哥则会低价售出，一起品

尝可口的美味后，互定终生。香茅见证
了这种以食传情的特殊求爱方式。
云南很多少数民族喜欢将鸡肉、
牛肉、猪肉、鱼等原料用香茅捆
扎后，以竹签夹起，放在炭火上烧烤，
如"香茅烤鱼""香茅鸡"等，风味独特，
香气四溢。

香茅烤鱼

在广西柳州的一些地区，端午节有用香茅叶包粽子的
习俗。在广东菜中，传统卤水料也会放入干香茅提味。

香茅可以制成香茅草茶，或与鲜姜混合制成香茅姜草
茶，它们是广受欢迎的饮料。

古埃及人、古希腊和古罗马人都曾用干香茅来做香料。
医学上最早利用香茅的是古代印度，至今已经超过 2000 年
了。在印度传统的阿育吠陀疗法中，香茅常被用于帮助退
烧和治疗传染性疾病。

公元 1666 年，随着葡萄牙海上霸权的崛起，葡萄牙

人把香茅植株由印度带到其他热带地区。现在香茅在南美洲、北美洲、大洋洲、非洲等地都有种植。17 世纪，菲律宾首次蒸馏出香茅精油，这份珍贵的样品一直被妥善保存着，并于 1851 年被送到在伦敦水晶宫举办的世界博览会上展出。

据《周礼》记载，我国早在 2000 多年前的周朝，就有用香茅祭祀祖先的习俗。

香茅根系发达，能耐旱、耐瘠，喜高温多雨的气候，如今在我国的海南、广东、广西、云南、福建、台湾等地都有种植。

中医认为，香茅入药性温，可祛风除湿、消肿止痛等。在印度，香茅现在仍然用于治疗腹泻、胃痉挛和头痛。

52

香子兰

Vanilla

香子兰，又叫香草、香荚兰、香草兰、香兰，是兰科香荚兰属攀缘性多年生藤本植物。茎为圆柱形，节上有气生根。叶卵圆形至披针形，肥厚多肉，深绿色。花大，黄绿色，有芳香。果实为肉质荚果状。花期4—6月。

在墨西哥，有一种特殊的香料，想要获得它那迷人的芳香，需要花费四年多的时间，这就是被称为"神的果子"的香子兰——一种兰科植物的果荚。

香子兰植株在种植后，需要生长三年才会开花，而且每年只开花一次，每次只在短暂的六小时内进行授粉，而授粉只能靠当地特有的一种叫无刺蜂的蜜蜂完成。受粉之后的花会在六周后结出豆荚形的果实，绿色细长的豆荚如同细棍状扁豆，一串串高挂在枝头。九个月之后成熟，须手工摘采，但此时的豆荚并没有任何味道，必须经过120天的发酵、烘干、陈化，变成黑、干、皱的豆荚，才能散发出迷人的芳香。

香子兰最初是由墨西哥的土著——托托纳克人培育的，与玉米、可可一样具有神圣宗教内涵。在托托纳克的神话中，香子兰是公主与恋人私奔被抓住斩首，鲜血洒在地上而生长出来的。15世纪，生活在中部高原的阿兹特克人征服了托托纳克。在阿兹特克人的眼里，香子兰是一种具有驱魔辟邪功能的物品，也是一种具有壮阳功用的药物。他们用香子兰制作成一种巧克力饮料，敬献给国王蒙特祖玛。

经过发酵的香子兰，其外形看上去细长、黑瘦、扁而皱缩，有些柔软，有光泽，略带些油性。果荚里面含有香兰素（或称香草精）以及碳氢化合物、醇类、羧基化合物、酯类、酚类、酸类、酚醚类和杂环化合物等上百种成分。

香子兰与甜味配合相得益彰，最适合用于烘焙甜点和制作饮品，如用于奶油蛋糕、布丁、蛋乳冻、松饼、饼干、糖果、冰激凌、咖啡、巧克力、牛奶饮料、酸奶、奶昔、蜜饯、水果炖品和果酱中。由于它具有特殊的香型，也被广泛用作高级香烟、名酒等高档食品的调香原料，故有"食品香料之王"的美称。

如果将整只香子兰的豆荚浸泡在牛奶或奶油中进行慢煮，它那浓郁的香气会缓释在食材里面。品质较好的香子兰豆荚在使用出味后，洗净烘干，可以重复使用，直到味道完全散去为止。也可把整个香子兰豆荚切成小块后，研磨成粉，直接加入食物中。所有食物，只要添加了少量的香子兰，都会具有温暖、圆润的层次感和持久的香气。

**烤脆皮甜点，
配香子兰卡仕达酱汁**

还可以把香子兰埋在白糖中进行保存，这样既能增加保存时间，又能使白糖带有香子兰的味道，可谓一举两得。只要扣紧了盖子，一周之后，白糖就会拥有香气。

1521年，一位西班牙探险家首次将香子兰豆荚带入欧洲，试图在墨西哥以外的地区栽培，遗憾的是终告失败。一直到1841年，马达加斯加的一位12岁男童无意间揉捻香子兰花瓣之后，竟然使得这种植物成功授粉。比利时植物学家查理·莫兰受到启发，开创了人工授粉技术。于是，香子兰终于可以进行人工种植了。尽管如此，香子兰开花期短、授粉难、成熟期长、加工过程复杂和耗时费工的特性，决定了它的身价。香子兰是世界上仅次于番红花的第二贵重的香料，被称为"香料皇后"。

香子兰主要生长于墨西哥、马达加斯加、科摩罗、留尼汪、印尼等热带海洋地区，我国云南、福建、广东、广西等地也有栽培。

53

小豆蔻

Cardamom

小豆蔻是姜科绿豆蔻属多年生草本植物。高 2—3 米，根状茎粗壮，棕红色，横生于地下。叶 2 列互生，狭长披针形。花排列稀疏，花冠白色。果实为三棱状长卵形。种子棕褐色。

　　小豆蔻一直是仅次于番红花和香子兰的世界上第三贵重的香料，原因是它对生长环境和土壤要求高，但是产量却不高且采收后还需要漂洗及干燥等复杂工序。

　　小豆蔻浅绿色的果皮没有味道，掰开荚状果实，内含有十几粒细小的种子。这些种子散发出姜、胡椒与柠檬皮混合的芳香气味，味道辛辣微苦。小豆蔻在烹饪中应用广泛，可煮、烩、烤、炸、腌、泡或拌。

　　在烹饪中使用小豆蔻最多的地区是西亚和北非，用量占全球总用量的 80% 左右，主要用来调制阿拉伯式小豆蔻咖啡。在北欧，小豆蔻用量占全世界总用量的 10% 左右。斯堪的那维亚半岛是欧洲最大的小豆蔻进口地，这里的人们主要将其用于面包、糕点和饼干等烘焙食品的调味，如芬兰的"甜面包"和斯堪的纳维亚的"圣诞面包"。欧洲其他地区如德国会在汉堡牛肉、香肠、火腿和腌小黄瓜中加入小豆蔻。在波罗的海沿岸国家，人们常用小豆蔻来腌制鲱鱼。

阿拉伯式小豆蔻咖啡

印度人喜欢用小豆蔻制作"腰果酱汁烩鸡"等肉类菜肴，也将其用于炒米饭、奶茶或甜点里，甚至添加到加热的葡萄酒和烈酒中。东南亚菜系中也会用到小豆蔻，如"泰国绿咖喱大虾"等。

市售的小豆蔻分整粒与粉末状，粉末状的虽然使用上较为方便，但它的香气会逐渐消散。最好整粒现用现磨，也可将整个豆蔻果一起研磨，这样制作的粉末味道浓，少量加入即可实现调香的效果。

小豆蔻有芳香甜美又带辛辣微苦的味道，在南亚地区，人们常将其与槟榔叶、槟榔、大茴香、茴香混合，制成有助消化功能的口气清新剂。中医认为它有开胃消食等功效。

小豆蔻因烘制过程中处理方法的不同而呈不同颜

色：绿豆蔻为自然风干，白豆蔻是用二氧化硫漂白，印度南部及斯里兰卡等原产地以自然光晒之，所以色泽为淡黄色。

　　人类使用小豆蔻已经有 5000 多年的历史，它是最古老、最重要的香料和天然药材之一。它很早就传到中东，公元前 720 年，古巴比伦国王的花园里就曾种植过小豆蔻。古埃及人常常咀嚼小豆蔻，以其清香的味道洁净口气。古代印度典籍《吠陀经》中记载，其特有的香气有催情壮阳的作用，称其为"天堂果仁"。公元前 4 世纪，阿拉伯商队把小豆蔻传入古希腊，古希腊植物学之父塞奥弗拉斯在公元前 310 年曾记录过小豆蔻的药用和烹饪用途。

　　20 世纪初，德国移民把小豆蔻带到危地马拉。如今，危地马拉是小豆蔻最大的种植和出产地，全世界有一半的产量都来自那里。

54

鸭儿芹

Japan ducklingcelery

鸭儿芹是伞形科鸭儿芹属多年生草本植物，又叫三叶芹、野蜀葵。茎直立，具细纵棱。叶片三出式分裂，三角形或阔卵形或菱状倒卵形，所有裂片边缘有不规则的锐尖锯齿。花瓣白色。果实线状长圆形。花期4—5月，果期6—10月。

　　在早春的山地林下湿处、山溪路边或灌木丛中，有一种叶形似鸭掌、香气接近水芹的香草，叫作"鸭儿芹"或"鹅脚板"。它的叶子和嫩茎最适合生食，因为这样才能保持最好的味道。如不习惯它些微的苦涩，也可以焯水后凉拌或盐渍。鸭儿芹与千张、香干等豆制品以及粉丝、海带、香菇等一起素炒，清爽利落；与肉丝或者海鲜同炒，则香味互补，回味悠长。用鸭儿芹煲汤，味道也格外清香。东北老乡以它制作传统的豆瓣酱，是民间把清香与酱香结合的经典美食。

　　这种野生香草美食在日本极受推崇。把鸭儿芹的嫩叶，或把嫩茎扎成蝴蝶结，放在"茶碗蒸蛋羹""什锦年糕汤"或者"大酱汤"的表面上，既是调味料又是雅致的装饰品，充分体现了日本料理的精细。韩国料理中也会用到鸭儿

日式蒸蛋羹

鸭儿芹

芹，如"凉拌鸭儿芹""韩国泡菜""鸭儿芹蛋卷""石锅拌饭"等，味道别致。

鸭儿芹原产于中国、日本和朝鲜半岛，在北美洲东部也有广泛分布。明代徐光启在《农政全书》中载："生荒野中，就地丛生……救饥，采嫩叶炸熟，水浸淘净，油盐调食。"可以看出，那时鸭儿芹已被当作野菜食用。如今在中国各地，鸭儿芹的叫法各不相同，如台湾称其为"山芹菜"，山东谓之"山野芹菜"，东北叫"绿杆大叶芹"。

在我国，早在2000多年前，野生鸭儿芹就已作药用。中医认为鸭儿芹性辛稳，有祛风止咳、活血化瘀、消炎解毒之功效。

另外，鸭儿芹也可作观赏植物。它叶形美观，耐阴性好，耐寒性佳，是不可多得的优良观叶植物。

55

芫 荽

Coriander

芫荽是伞形科芫荽属的一、二年生草本植物。植株整体有强烈的气味。根是细长的纺锤形，茎为直立的圆柱形，有多个分枝。根生叶有柄，叶片1—2回羽状全裂，羽片广卵形或扇形半裂，边缘有钝的锯齿、缺刻或者深裂，上部的茎生叶为3回至多回羽状分裂，末回的裂片是狭线形。伞形花序生长在顶部或者与叶片对生，花白色或者带有淡紫色。果实圆球形。花果期为4—11月。

芫荽即香菜，原产地中海沿岸和西亚地区。人类使用芫荽的历史悠久。在希腊爱琴海群岛上距今 9000 年前的古人类居住的山洞遗址中，曾发掘出芫荽的种子。芫荽的英文名源自希腊语，其本意为"臭虫"。希腊人认为芫荽未成熟前，其茎叶浓烈的味道如臭虫般呛人，但果实成熟后，其茎叶的味道就转变成类似茴香的香甜。这也是西方人至今对芫荽植株难忍其味的原因。

芫荽是在汉代张骞出使西域之后，由活跃于丝绸之路的商旅驼队带入我国的。其名字也几经变迁。最初称为"胡荽"，为古波斯语的音译。后来，据说是因南北朝时后赵皇帝石勒为胡人，为避"胡"字而改称"蒝荽"。明朝徐光启《农政全书》中说，"蒝荽"茎柔叶细，而根多须，绥绥然也，"蒝"为茎叶布散的样子，俗作"芫"。如今在中国绝大多数省份称这种有着特异香气的植物为香菜，孔孟之乡——齐鲁大地（山东省）和重庆等地的民众仍保持传统的"芫荽"叫法。

芫荽

两千年来，芫荽在中华大地落地生根，一直受国人喜爱，在博大精深的中国烹饪文化中占有一席之地，得到广泛应用。对于中国人而言，芫荽是全能香草，它广泛应用于各地菜系中，也适用于各种烹饪方法，如冷菜制作中的拌、

芫爆散丹

炝、腌，热菜制作中的蒸、炸、爆、炒、熘、烹、煎、烩、涮、汆、制馅……其颇具穿透力的香气可以为菜肴增光添彩。在以"爆"见长的鲁菜中，甚至派生出"芫爆"的技法，独树一帜，名菜有"芫爆散丹""芫爆肚丝""芫爆鸭胰"等。

芫荽具有较强的亲和力，几乎可搭配任何食材。在烹调中，芫荽有着多重身份。大多数情况下是用作调味料，如在"炸烹大虾"中与葱、姜丝组合，在"酸辣乌鱼蛋汤""醋椒鱼"中与米醋、胡椒粉搭配，在"油淋红星斑"中与干红辣椒丝为伍，在"米粉肉"中与蒜汁一同登场。

芫荽还不时作为配料出现在菜品中，不出风头，如在"拌老虎菜""肉丝炒香菜"里，总是能找准自己的位置。偶尔它也唱主角，如"腌拌香菜""炸香菜松""香菜馅饺子"等。芫荽叶也是很好的装饰品。

芫荽虽香，但古人认为它属荤菜，久食令人多忘，中国本土宗教道教将其列为"五荤"之一而禁食。

芫荽的茎叶和种子都可以入馔，在全世界广受欢迎，大到珍馐佳肴、小至地方风味，都能觅得芫荽的芳香。因此，用芫荽烹制的菜肴呈现出多风格、多流派的特点。

在西亚、北非地区，芫荽常用于凉拌或制作沙拉，有开胃的效果。也门辣酱和香辣酱中都会用到芫荽，摩洛哥辣酱中芫荽也是基本素材。墨西哥人把芫荽切碎，与洋葱、番茄、黄瓜、鳄梨、酸奶等制成"莎莎"蘸酱。

地处东南亚的泰国人最懂芫荽，用其茎叶生吃及做汤，连芫荽根部都视为宝物，将其与香茅、辣椒、大蒜等一道放在木臼中捣成调味酱汁，或与其他香料一同入锅煮制成

"冬阴功汤"。印度尼西亚、越南、马来西亚、韩国等国家的民众同样喜爱芫荽。

芫荽籽又是南欧、中东的阿拉伯地区的基本香料。芫荽籽的味道与其茎、叶截然不同，而且在加热后才能释放香气。它可整粒或磨成粉末使用，如在"突尼斯沙拉"、英国的"葡萄酒炖猪肉"、德国的"脆烤猪膝"及"泡酸白菜"、香肠等菜式中用于调味。印度人则用芫荽籽与20多种香料混合成咖喱粉。

芫荽籽在甜品中也有不俗的表现，可与肉桂、丁香搭配制作"糖水煮水果""苹果派""圣诞姜饼""斯堪的纳维亚式面包"等。欧美人还用芫荽籽浸泡利口酒及苦艾酒。

芫荽在烹饪中的运用，各地有所不同，但其使用范围之广泛、利用部位之全面、应用方法之多样，在众多香料植物中是少见的。

芫荽的叶子易藏匿肉眼看不到的寄生虫，一定要清洗干净再食用。

56

洋　葱

Onion

洋葱是石蒜科葱属二年生或多年生草本植物。鳞茎球状或扁球状，外皮很薄，呈紫红色、褐红色、淡褐红色、黄色或淡黄色，内皮肥厚，肉质，供食用。根弦线状。浓绿色圆筒形中空叶子。伞状花序，白色小花。蒴果。

新疆美食种类繁多，在国内外很受欢迎，最经典的莫过于大盘鸡、手抓饭、拉条子、烤羊肉串、烤馕和皮辣红等，它们都具有浓厚独特的新疆风味。这些美味的形成，与一种叫"皮牙子"的芳香蔬菜有着密切的关系，"皮牙子"就是维吾尔语中洋葱的发音。

洋葱在西餐中的地位也非常高，欧洲谚语有言，"没有洋葱就没有烹饪艺术"。洋葱能生吃，也可熟食。它几乎适合拌、腌、炒、煮、蒸、烩、炖、烤、煎、炸等所有烹饪方法，因此被誉为"菜中皇后"。生食有些辛辣和甘甜，可作沙拉食用，或制成调味汁，为食物增添风味。加热烹熟后，其辛辣程度会减低，同时会变得甜润且散发持久的葱香。最有代表性的菜品是"法国洋葱汤"、美国"油炸洋葱圈"，还有意大利"洋葱酱炒小牛肝"、加拿大"洋葱什锦肉派"、埃塞俄比亚"洋葱炒牛肉末"，以及"印度咖喱"等。

洋葱的起源问题，学界尚没有定论，大多数人认为它

原产中亚地区。考古学家发现，在距今 7000 多年前的化石里面，有洋葱的痕迹。

新疆皮辣红

古埃及人认为，洋葱由外至内一层层的结构就像同心圆，是永恒的象征。他们相信洋葱具有神奇的力量，在发誓的时候，必须手托着洋葱高举过头顶，以表示庄重。古埃及人还把洋葱与永生联系在一起，将其作为制作木乃伊的填充香料之一。据传，埃及法老拉美西斯四世去世时，洋葱作为陪葬品放在了他的眼窝上。

中世纪的时候，阿拉伯人垄断了洋葱贸易，将其输入欧洲。那时，洋葱经常被用来付款和当作结婚礼物。直到后来欧洲人掌握了它的栽培技术之后，这种情况才有所改变。当时军队的将士们还用洋葱作为护身符，以求避免受伤。在希腊语中，"洋葱"就是从"甲胄"一词衍生而来的。

地理大发现之后，洋葱随着欧洲的船队向全世界传播。16世纪传入北美，在南北战争爆发期间，洋葱扮演了维持军队给养的重要角色。

洋葱沿着丝绸之路进入中国，当时的名字叫"胡葱"。传入日本之后被命名为"洋葱"，后来洋葱之名又引入中国，成为通用名。现在，中国是世界上洋葱产量和出口量最大的国家，种植区域主要在山东、内蒙古、甘肃和新疆。

洋葱的药用价值自古就受到重视，其汁液对感冒、喉炎、皮炎等轻微症状有疗效。近年来科学发现，经常食用洋葱，对于扩张和软化血管、保护心脏有一定的作用。

57

洋香菜

Parsley

洋香菜是伞形科欧芹属草本植物，又称欧芹、法国香菜、洋芫荽。根纺锤形。茎圆形，中部以上分枝。基生叶和茎下部叶有长柄，2—3回羽状分裂，上部叶裂片披针状线形。伞形花序。果实卵形，灰棕色。花期6月，果期7月。

洋香菜原产于欧洲南部地区，因此也叫欧芹。在古代欧洲，洋香菜被认为是具有魔力的香草，古希腊人相信佩戴以洋香菜编成的草环，能起到预防疾病和驱邪的作用。

中世纪开始，洋香菜已经普遍用于烹调了。据说，英国国王亨利八世在吃烤兔肉时，最喜欢用洋香菜制成的酱来伴食。希伯来人在逾越节时也食用洋香菜，以庆祝春天的到来，并纪念犹太民族在摩西的领导下成功逃离埃及获得重生。

洋香菜的叶、茎和根都可以食用，适合各种菜肴，且生食、熟食均可，是西餐百搭香草。甚至可以说，和胡椒一样，如果没有洋香菜，西餐就简直不可想象。

法国常用的洋香菜品种是皱叶洋香菜。法国"焗蜗牛""香蒜面包"所用的香草黄油中，这种

勃艮第焗蜗牛

洋香菜也是最基本的调味香草。将其切碎后，可撒在奶油汤、煎牛排、烤海鲜或芝士焗番茄上，以增添香气并作为装饰。

意大利人则喜欢用平叶的洋香菜品种。将其切碎，与大蒜碎和擦成茸的柠檬皮混合后，撒在意式开胃小吃、意大利面条、意式海鲜、炖小牛膝肉中，就是纯正的意大利味道了。

黎巴嫩的"塔博勒沙拉"、墨西哥的"莎莎酱"、美国的"洋芫荽黄油烤鸡"等，更离不开洋香菜。

近年来，洋香菜随西方的很多食材进入中国。但遗憾的是，洋香菜很少运用到中餐菜品的调味中，往往只是以一簇簇新鲜叶子的模样作为天然盘饰出现。

医学研究发现洋香菜有缓解胃肠胀气、利尿等功能。咀嚼叶片可除口腔异味，是天然的除臭剂。叶片的浸汁可保护头发、眼睛和肌肤。

58

鱼腥草

Houttuynia

　　鱼腥草是三白草科蕺（jǐ）菜属宿根性多年生草本植物。茎上部直立，常呈紫红色，下部匍匐，节上轮生小根。叶互生，卵形或阔卵形，基部心形，背面常呈紫红色。花小，夏季开。全株搓碎有鱼腥气味。

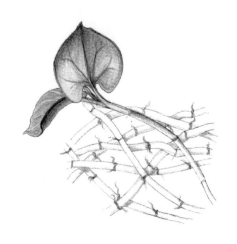

鱼腥草

　　鱼腥草原产于中国，在古代是中原乃至江南一带常见的植物，古称岑（cén）草。据传，越王勾践为吴王夫差尝粪诊病以后，口中异味难除。为不使勾践尴尬，谋士范蠡要求众大臣皆食鱼腥草，与其主同苦。据说当时采食鱼腥草之地即今浙江绍兴市内的蕺山，因此鱼腥草又称"蕺菜"。其实，我国食用鱼腥草也有着悠久的历史。东汉时期的张衡在《南都赋》中有"若其园圃，则有蓼蕺蘘荷"的记述。北魏贾思勰在《齐民要术》里也记有"蕺菹法"，即当时加工保存鱼腥草的方法。

　　鱼腥草的鱼腥味源于它内含的鱼腥草素所具有的生鲜活鱼的强烈腥气。其名字来源可见于《本草纲目》："生湿地，山谷阴处亦能蔓生，叶似荞麦而肥，茎紫赤色，山南江左人好生食之，关中谓之菹菜"，"其叶腥气，故俗呼为：鱼腥草"。这种鱼腥的味道，需要慢慢适应后才会喜欢。

　　鱼腥草的整棵植株都可以食用，其嫩叶和地下生长的根状茎人们食用得较多，根部的鱼腥气味最为浓烈。它特殊的鱼腥味道一直让人爱憎鲜明，爱者见之喜形于色、大快朵颐，厌者弃而远之。

食用鱼腥草是有明显区域性的。在西南省份及湘西地区，鱼腥草不仅广受欢迎，而且还有各种不同的做法。云贵地区比较喜欢吃鱼腥草的根，如云南

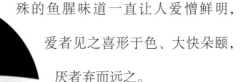

贵州糊辣椒拌折耳根

拉祜族的美味"舂折耳根"、贵州著名的"折耳根拌蕨菜"、湘西怀化的"凉拌折耳根"等。在川渝地区，人们更喜欢吃鱼腥草的叶子，主要是加上辣椒、花椒、醋、蒜等，拌成凉菜食用，味道鲜美至极。

鱼腥草也可以炒或炖汤。加热后它的腥味减轻，味道变香，如滇菜小吃"折耳根炒饵块""折耳根炒腊肉"。彝家"蕺菜汤"是将腊肉、温水泡发的蚕豆一起煮熟，最后加入蕺菜嫩茎叶起锅。

　　贵州美味小吃"恋爱豆腐果",无论是佐酒、下饭、伴粥都别有风味。

　　贵州炒饭"怪噜饭"中折耳根、腊肉和酸菜是永恒不变的主题。而在"肠旺面"及"苗家酸汤鱼火锅"中撒一把鱼腥草,就更加勾人魂魄。

　　鱼腥草除了是烹饪食材和特殊香料之外,还是传统的药用植物,在中国已经有上千年的药用历史,被认为有清热解毒、利尿消肿的功效。现代药物化学的研究也证实其中含有不少抗菌、利尿及抗病毒的天然成分。其植株中能够提炼出一种黄色的油状物,对各种微生物(尤其是酵母菌和霉菌)均有抑制作用,对溶血性的链球菌、金黄色葡萄球菌、流感杆菌、卡他球菌、肺炎球菌有明显的抑制作用,对大肠杆菌、痢疾杆菌、伤寒杆菌也有作用。

　　一些研究指出,鱼腥草内含有"马兜铃内酰胺",该成分可能会对肾脏造成损害,因此食用鱼腥草应注意适量。

59

月桂叶
Bay leaf

月桂叶是月桂树的叶子。月桂是樟科月桂属的常绿小乔木或灌木，高度可以达到 12 米。树皮黑褐色。叶互生，长圆形或长圆状披针形。花为雌雄异株，伞形花序腋生。果卵珠形，熟时暗紫色。花期 3—5 月，果期 6—9 月。

月桂原产于南欧地中海沿岸及小亚细亚一带。它枝繁叶茂，芳香四溢。在西方文化的源头——古希腊罗马文化中，月桂叶被认为具有保平安、驱魔、辟邪的作用，作为一种吉祥之物而受人尊崇。

在古希腊神话中，有一个感人的爱情故事。露珠女神达芙妮为了躲避太阳神阿波罗的求爱，在阿波罗即将追上她的时候，恳求父亲把自己变成了一棵月桂树。痴情的阿波罗抱着月桂树说："我虽然没能得到你，但是我会永远爱着你。我要用你的枝叶做我的桂冠，用你的木材做我的竖琴，并用你的花装饰我的弓……"

如今，我们在参观阿波罗神庙时可以看到，阿波罗神庙周围长满了月桂树。在纪念阿波罗的运动会上，人们用月桂树枝编织的花冠戴在优胜者头上，"桂冠"一词就是来源于此。人们不仅将桂冠献给体育比赛的冠军，还把它授予伟大的诗人，"桂冠诗人"的称号也是由此衍生。

月桂叶含有的芳香油主要成分是芳樟醇、丁香酚、香

叶醇及桉叶油素等。新鲜的月桂叶揉碎后有清爽香气又略带苦味，所以烹调上习惯使用阴干后的叶子。月桂叶在西餐里是常用香料之一，也是百搭香料，可以与各种食材相配，尤其在肉类、禽类、海鲜、野味烹调中表现最为突出，

法式铜锅烩菜肉

可以很好地去除肉腥味，如"勃艮第红酒炖牛肉""意大利罗马纸包烤鱼""香醋鳗鱼卷"等经典名馔中都有它的身影。

月桂叶还常与百里香、洋香菜、芹菜等组成香草束同时出场，为基础高汤和奶油酱汁等确立风格。它也适合腌、渍、炖、煮、烩、烤、蒸等多种烹饪手法，尤其在西式泡菜、腌酸黄瓜和洋葱汤中表现不俗。月桂叶偶尔也客串在甜品中，如在制作冰淇淋及大米布丁时加在煮牛奶里增添特殊风味。月桂叶是国际性香料，它虽系出欧陆，但在美洲、西

亚、北非、南亚及东南亚等地的美食中，同样不可或缺。

月桂叶自古在医疗应用上受到极高评价，被认为具有助消化的作用，能止痛、杀菌，治疗关节炎、神经痛、风湿、肌肉疼痛、神经失调和皮肤方面的疾病。5000年前印度自然疗法就已经利用它。古希腊医生经常使用月桂叶为人治病。它在文艺复兴时期被视为万能药品而广泛使用。

月桂在我国浙江、江苏、福建、台湾、四川及云南等地有引种栽培。近年来，月桂叶在中餐粤菜的卤水香料中，以及日本料理的海带高汤、炖菜或海鲜中也有运用。月桂叶还具防腐作用，可作腌腊制品的调味料。把它撒于甜点上可驱嗜甜的昆虫，放在米里不仅可防虫而久存，米也会吸附月桂的甜香。

月桂树的品种较多，但很多品种的月桂叶都是有毒的，只有几种月桂叶可以食用，如：加州月桂叶，叶片为长柳形，长约2—3英寸，味道香纯；土耳其月桂叶，品质优良，长约1—2英寸，味道较加州月桂叶醇厚。

芝 麻

Sesame

　　芝麻又称胡麻、脂麻，为芝麻科芝麻属一年生草本植物，也指这种植物的种子。茎直立，分枝或不分枝。叶矩圆形或卵形，下部叶常掌状，中部叶有齿缺，上部叶近全缘。花单生或2—3朵同生于叶腋内，花冠筒状，白色而常有紫红色或黄色的彩晕。蒴果矩圆形。种子有黑白之分。花期夏末秋初。

芝麻

　　野生芝麻原产于东非草原，后来向北越过撒哈拉沙漠，传入北非的埃及、摩洛哥，然后被引进到欧亚，成为最古老的世界性香料之一。

　　芝麻有超过百种的香气成分，散发出特殊的香味，经烘烤后香味更浓郁。芝麻可添加到各式各样的菜肴中，如黎巴嫩的"芝麻烤鱼"，土耳其的"芝麻面包""芝麻烤饼"，以及流行于中东地区的"蘸酱胡姆斯"等。

　　芝麻在中餐的用法也非常多。将炒香的芝麻撒在咸菜、泡菜和凉拌的蔬菜上，有如画龙点睛般的口感和香气；将碾碎的芝麻与盐混合，可做成芝麻盐调味蘸料；还可粘在烧饼表面，放入烤炉烤成芝麻烧饼；裹在糯米面团上，入油炸成麻团；与砂糖混合，可制成汤圆馅、芝麻糊、芝麻酥糖和其他点心。还有很多以芝麻制作的名菜，如"麻香鱼

芝麻羊肉里脊

卷""芝麻桂鱼""芝麻鸡"等。

将芝麻研磨成芝麻酱，添加在凉菜、凉面、拉皮、花卷、烧饼等食品中，可以增添风味。在北京风味涮羊肉的调料里，芝麻酱是非常重要的原料。芝麻含油量大，产油率高，用其压榨的油称为麻油或香油，香气扑鼻，沁人心脾，在中外烹调中广泛使用。芝麻叶也有特别的香气，可作为蔬菜食用，清炒、做汤、做泡菜都别具风味。

新疆烤馕

人类使用芝麻的历史很悠久。在埃及金字塔和法老陵墓遗址里，都曾发现过芝麻。据说，埃及艳后克娄巴特拉常用芝麻油涂抹在身上保养肌肤，并用芝麻油调和孔雀石以及其他矿物粉末作为眼影颜料使用。在巴比伦创世神话中有这样的记述：创世之神是喝了用芝麻酿成的酒后，才有力量创造了世界。因此，人们在生病或者遇到灾难需要祈求神明帮助时，常常以芝麻酒、芝麻饼作为祭神的贡品。在距今 4000 多年历史的古印度哈拉巴遗址上，考古学家发现大量碳化的芝麻化石。印度教认为芝麻代表永恒与吉祥，举行祭祀仪式时印度教徒会将黑、白两种芝麻与米粒混合在一起，敬献给众神与祖先。

芝麻外形细小，每克约有 250—300 枚。早期生活在两河流域的人类认为芝麻虽小却拥有神秘的力量，其在宗教信仰中的地位远远凌驾于小麦、燕麦、豌豆等其他作物之上。

芝麻的蒴果熟透后会自动爆裂，弹出种子，这种奇异现象被形容成"宝贝意外地出现"。因此，在阿拉伯民间故事《阿里巴巴和四十大盗》中，"芝麻开门！"成为启动藏宝洞大门的咒语。芝麻的英文 sesame 就源自于阿拉伯语。

在中国，芝麻古称胡麻，与胡瓜（黄瓜）、胡荽（香菜）等一样都是经由西域传入，逐渐得到中国人的青睐，并被广泛栽培。中国人常常以"芝麻开花节节高"来表达生活越来越好的愿景。

芝麻除供食用外，亦供药用。中医认为，芝麻性平，味甘，无毒，可补肝肾。

芝麻菜

Rocket

芝麻菜是十字花科芝麻菜属的一年生草本植物。茎直立，上部常有分枝。基生叶及下部的叶大头羽状分裂或不裂。总状花序有多数稀疏生长的花，花瓣黄色，后变白色，有紫纹。长角果圆柱形。种子近球形或卵形，棕色，有棱角。花期5—6月，果期7—8月。

芝麻菜

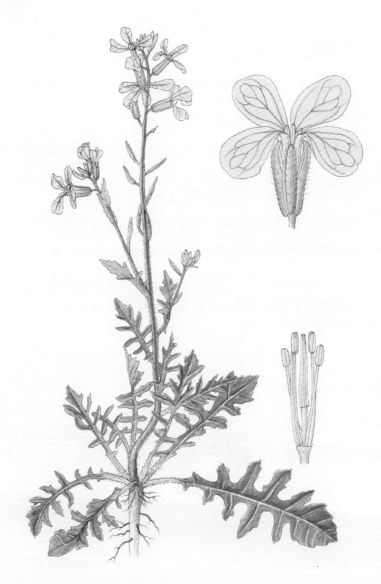

芝麻菜为辛辣芳香蔬菜，因具有浓郁的芝麻香味而得名。此菜生食入口先尝到的是浓浓的芝麻香味，之后是十字花科芥菜类蔬菜的微苦和辣味。

芝麻菜很早就为人类所利用。古希腊人把芝麻菜、薰衣草等泡在酒中调制成春药。据专家研究，自公元 1 世纪起，一些宗教书籍中就有芝麻菜能为人体提供更多力量和性欲的描述。在中世纪早期的几百年间，欧洲的修道院是严格禁止僧侣种植和食用芝麻菜的。直到公元 9 世纪初年，查理曼大帝通过一项法令后，芝麻菜才被允许栽种在花园中。

芝麻菜是古罗马人最喜欢的蔬菜之一，它与生菜、菊苣、锦葵一样，是古罗马人餐桌上不可或缺的美食。古罗马人还把芝麻菜当作药物用来使用，用于治疗咳嗽和消化不良。

芝麻菜香橙沙拉

芝麻菜火腿沙拉

如今，在地中海地区，尤其在意大利，芝麻菜仍然是不可或缺的蔬菜，可作开胃菜，也可作为肉类如"生冷牛肉片""意大利牛排"等的配菜，因为它辣的气味可消除油腻感。芝麻菜也可以放在三明治、鸡肉和火腿沙拉中提味。

芝麻菜在我国的分布很广，各地的叫法差别很大，如香油罐、臭菜、臭芥、臭萝卜、德国芥菜、火箭生菜等。各地吃法也不同，东北人喜欢蘸酱吃，而云南人则习惯于清炒、凉拌或用火锅涮着吃。

需要注意的是，制作芝麻菜时，稍微加热即可，因为高温会使它原有的辛辣芳香风味消失，而变得与其他蔬菜一样平淡无奇。

采摘芝麻菜也很有讲究。芝麻菜开花后，叶片营养下降甚至丧失，香气变弱，会降低食用口感，因此采摘食用芝麻菜必须在它抽薹之前进行。芝麻菜的种子可榨油。

芝麻菜从叶片形态上一般可分为三种：小叶、大叶和圆叶。小叶芝麻菜与苣荬菜相似，大叶芝麻菜像萝卜缨，而圆叶芝麻菜则类似于小菠菜。

中医认为，芝麻菜味甘、平，性微寒，有健胃、利尿和消除暑热之症等作用。

62

孜 然

Cumin

　　孜然是伞形科孜然芹属一年或二年生草本植物，又称枯茗、孜然芹。全株（除果实外）光滑无毛。叶近无柄，有狭披针形的鞘。复伞形花序较多，小伞形花序通常有7朵花；花瓣粉红或白色，长圆形。分生果长圆形，两端狭窄，密被白色的刚毛。花期4月，果期5月。

　　提及孜然，人们自然会联想到新疆。作为新疆的"首席"香料，孜然在 20 世纪 90 年代随着烤羊肉串而香飘全国各地，越来越多的人从此开始认识和喜欢这种独特的香料。

　　孜然原产于西亚、北非等气候偏热和较干旱的地区。据考古发现，人类使用孜然可以追溯到 4000 年前。公元前 7 世纪，波斯人把孜然带到了南亚的印度和巴基斯坦一带。孜然是在唐代由沿着丝路而来的粟特人、波斯人或阿拉伯人引进我国新疆的。孜然的植株、种子的外形及大小都酷似茴香，因此古称"安息茴香"，在新疆当地也叫"小茴香"。

　　孜然的味道微苦，但香味明显，加热后释放浓郁的香气。这种浓郁的香气并不是所有人一开始都能接受的，但慢慢习惯后却会迷恋甚至上瘾。在新疆美食中，孜然是肉类的好搭档，有祛腥膻、增香提味的作用，因此是烧烤的必备调料之一。烹制"烤羊肉串""烤全羊""馕坑烤肉"或"烤羊排"时，只须将整粒的孜然或磨碎的孜然粉撒在被炭火烤得滋嗞冒油的羊肉上，随着温度的升高，就有神

奇而令人销魂的味道飘散出来。

新疆红柳烤羊肉串

孜然还有一种魔力，就是几乎能把所有的食材变成烤羊肉的味道，无论是牛肉、鸡肉、猪肉、鱼肉，甚至是蔬菜、玉米、大饼（馕），只要有孜然调味，就会散发出类似羊肉的香气，刺激食欲。因此，孜然不仅是新疆个性鲜明的地域饮食味道的代名词，更是古老西域饮食文化记忆的延续。

孜然在全球的使用范围十分广泛，是仅次于胡椒的世界第二大香料。在中东及阿拉伯菜系里，几乎所有的饭菜，甚至酸奶、开胃凉菜，都喜欢用孜然来调味。印度人还用它制作酸辣酱、泡菜、沙拉，用孜然等制作的香料果汁在盛夏里是最好的解暑饮料。

中世纪时，孜然在欧洲曾是十分受欢迎的香料。如今欧洲人偶尔会在面包、蛋糕、香肠及肉制品中使用孜然调味，如荷兰的"埃德姆奶酪"、德国的"芒斯特奶酪"、法国的"孜然面包"等。瑞士的"洋葱和孜然汤""烩牛肚"里也离不开孜然调味。

16世纪后，西班牙探险家把孜然带到了拉丁美洲，所以在墨西哥等中、南美洲国家的料理中，孜然也同样受欢迎，如墨西哥的"孜然辣椒烧肉"和"黑豆汤配青柠孜然"等。

孜然是很多复合调味料的主要配料之一，如印度的"玛莎拉"、马来西亚的"七海咖喱"、摩洛哥的"什锦香料"、也门的"香菜辣青酱"、土耳其的"综合香料"、格鲁吉亚的"混合香料"、美国的"卡真"及中国传统的"十三香"等。

新疆曾是孜然在我国的唯一产区，新疆的孜然又以吐鲁番托克逊地区的为上品。孜然一边开花，一边结果，成熟时，田野上飘着奇香。新疆民众特别喜欢孜然所开放的美丽花朵，有谚语云："孜然花开，幸福自来！"

63

紫 苏

Perilla

紫苏是唇形科紫苏属一年生直立草本植物。茎绿色或紫色，钝四棱形。叶为阔卵形或圆形。花萼钟形，花冠白色至紫红色。小坚果近球形，灰褐色。花期8—11月，果期8—12月。

紫苏是地道的中国原产植物，古代称为"荏（rěn）"，在我国种植和利用有 2000 年历史。在长沙马王堆汉墓的竹简中，就记述有紫苏的食用方法。古人常常用紫苏制成夏季消暑养生的汤饮。北宋著名的《清明上河图》中有两处大伞下挂着招牌，上书"饮子"，就是出售紫苏做成的饮料。李时珍在《本草纲目》中记载，可用紫苏嫩叶加工成夏天的饮品。

关于紫苏的名称来历，传说最早是华佗给它取名叫"紫舒"，后因谐音又称为"紫苏"。另一种说法是其叶片为紫色，而"苏"是指它有理气通窍的功效，故名紫苏。李时珍解释说：苏从酥，舒畅也；紫苏者，以别白苏也。

我国民间有将紫苏叶当作蔬菜或入茶的食俗。紫苏幼嫩的茎叶可供食用，质地脆嫩，色泽浓紫或青翠，常被用于去腥、增鲜、提味。烹制鱼、蟹时加紫苏，可使味道鲜美。我国南方地区常用新鲜的紫苏叶煎炒田螺，可增鲜去腥。如福建菜"紫苏田螺"的传统做法就是加入切碎的紫苏叶。湖南菜中的"油焖火焙鱼",紫苏叶也是必备的食材。

紫苏既可生食、盐渍,也能油炸、做汤、熬粥等。将新鲜的紫苏叶加盐和酱油腌制几天后切段,拌上蒜泥,撒一点白芝麻,既是一道应时小菜,又是长期保存紫苏的好方法。上海嘉定农家自制豆酱时,少不了用紫苏加料。

日式海鲜刺身

紫苏也可晒干,在秋冬季食用,与排骨同煲是一道很不错的药膳。

紫苏于公元8世纪至9世纪期间传入日本。在日本料理"刺身"中,紫苏不仅起装饰作用,还可去除海产品的腥味。日本人对紫苏的开发利用较多,相信紫苏有刺激食欲、解除疲劳、安神镇静的作用。他们以紫苏为天然着色剂，取其汁和面制作紫色面条，或用于加工淡紫色利口酒，也常常用于腌制酸梅。韩国人喜欢用尖叶紫苏制作沙拉，或与辣椒一起腌制韩国泡菜。紫苏独特的香味还可去除韩式烤肉的油腻感，因而在韩式烧烤中普遍使用。

紫苏种子富含油脂，其含油率高达 45%。从古至今，紫苏油不但是民间食用调味佳品，而且对预防冠心病和高血脂有一定效果，有食疗珍品之称。

紫苏的变异极大。我国古书上称叶全绿的为白苏，叶两面紫色或面青背紫的为紫苏，但近代分类学者认为二者同属一种植物，其变异不过因栽培而起。

参考文献

[1] 21 世纪研究会 . 食物的世界地图 [M]. 林郁芯，译 . 北京：中国人民大学出版社，2008.

[2] Attokaran. 天然食用香料与色素 [M]. 许学勤，译 . 北京：中国轻工业出版社，2014.

[3] Hawkins. 香草香料鉴赏手册 [M]. 上海：上海科学技术出版社，2011.

[4] 艾伦 . 恶魔花园：禁忌的美味 [M]. 朱衣，译 . 台北：时报文化出版企业股份有限公司，2005.

[5] 拜纳姆 H，拜纳姆 W. 植物发现之旅 [M]. 戴琪，译 . 北京：中国摄影出版社，2017.

[6] 北京大陆桥文化传媒 . 香料之路 [M]. 北京：中国青年出版社，2008.

[7] 波恩胥帝希－阿梦德，波恩胥帝希 . 香料之王：胡椒的世界史与美味料理；关于人类的权力、贪婪和乐趣 [M]. 庄仲黎，译 . 台北：远足文化事业有限公司：2013.

[8] 布莱森 . 趣味生活简史 [M]. 严维明，译 . 南宁：接力出版社，

2011.

［9］ 传奇翰墨编委会.香料之路：海上霸权 [M].北京：北京理工大学出版社，2011.

［10］稻垣荣洋.撼动世界史的植物 [M].宋刚，译.出离，绘.南宁：接力出版社，2019.

［11］段石羽，曲文勇，朱庚智.汉字与植物命名 [M].乌鲁木齐：新疆人民出版社，2009.

［12］宫崎正胜.你不可不知的世界饮食史 [M].陈柏瑶，译.台北：远足文化事业股份有限公司，2013.

［13］宫崎正胜.味的世界史 [M].安可，译.北京：文化发展出版社，2018.

［14］关培生.香料调料大全 [M].北京：世界图书出版公司，2005.

［15］黄辉，张彦福.维吾尔药小豆蔻名实考辩 [J].中国民族民间医药杂志,1998(6).

［16］蒋慕东，王思明.辣椒在中国的传播及其影响 [J].中国农史，2005（2）.

［17］凯斯.有生之年非吃不可的 1001 种食物 [M] 王博，马鑫，译.北京：中央编译出版社，2012.

［18］克罗斯比.哥伦布大交换：1492 年以后的生物影响和文化冲

击 [M]. 郑明萱，译．北京：中信出版社，2018.

[19] 劳丹．美食与文明：帝国塑造烹饪习俗的全球史 [M]. 杨宁，

译．北京：民主与建设出版社，2021.

[20] 劳费尔．中国伊朗编 [M]. 林筠因，译．北京：商务印书馆，

2015.

[21] 劳斯．改变历史进程的 50 种植物 [M]. 高萍，译．青岛：青

岛出版社，2016.

[22] 李从嘉．舌尖上的战争：食物、战争、历史的奇妙联系 [M].

长春：吉林文史出版社，2018.

[23] 李勇．调味料加工技术 [M]. 北京：化学工业出版社，2003.

[24] 卢鸿涛，曾珞欣．丁香考 [J]. 中药材,1989（10）.

[25] 弥尔顿．豆蔻的故事：香料如何改变世界历史？[M]. 王国璋，

译．台北：究竟出版社，2001.

[26] 木岛正树．味觉密码：香料的作用、使用与保存 [M]. 宁凡，

译．北京：人民邮电出版社，2020.

[27] 纳卜汉．香料漂流记：孜然、骆驼、旅行商队的全球化之旅

[M]. 成都：天地出版社，2019.

[28] 欧康奈．香料共和国：从洋茴香到郁金，打开 A-Z 的味觉密

语 [M]. 庄安祺，译．台北：联经出版公司，2017.

[29] 潘英俊．粤厨宝典：食材篇① [M]. 广州：岭南美术出版社，

2009.

［30］日沼纪子.香料香草料理日志[M].陈真,译.徐龙,审译.北京:中国纺织出版社有限公司,2012.

［31］尚衍斌.忽思慧《饮膳正要》不明名物考释[J].浙江师大学报(社会科学版),2001(1).

［32］沈苇.植物传奇[M].北京:作家出版社,2009.

［33］斯图亚特.危险花园:颠倒众生的植物[M].黄妍,俞蘅,译.广州:南方日报出版社,2011.

［34］孙宝国,等.食用调香术[M].北京:化学工业出版社,2003.

［35］孙立慧.《饮膳正要》中几种稀见名物考释[J].黑龙江民族丛刊,2007(4).

［36］王建新,衷平海.香辛料原理与应用[M].北京:化学工业出版社,2004.

［37］王羽梅.中国芳香植物(上、下)[M].北京:科学出版社,2008.

［38］沃伦.餐桌植物简史:蔬果、谷物和香料的栽培与演变[M].陈莹婷,译.北京:商务印书馆,2019.

［39］谢弗.胡椒的全球史:财富、冒险与殖民[M].顾淑馨,译.上海:上海三联书店,2019.

［40］徐龙.滇香四溢 [M].昆明：云南科技出版社，2016.

［41］薛爱华.撒马尔罕的金桃：唐代舶来品研究 [M].吴玉贵，译.北京：社会科学文献出版社，2016.

［42］中国医学科学院药用植物资源开发研究所，中国医学科学院药物研究所，等.中药志：第三卷 [M].北京：人民卫生出版社，1961.

［43］中国医学科学院药用植物资源开发研究所，中国医学科学院药物研究所，等.中药志：第四卷 [M].北京：人民卫生出版社，1961.

［44］钟荣辉，徐晔春.香花图鉴 [M].汕头：汕头大学出版社，2008.

［45］钟庸.食疗食物大全 [M].北京：世界图书出版公司，2004.

后　记

多年前我即与孙英宝老师有个约定，合作出一本书，由他绘图，由我配合撰文。而今天，这本小书《香料植物之旅》终于将由北京大学出版社出版了。

我和孙英宝老师因博物学而结缘。犹记得十年前在香山的北京植物园里一间小木屋中，我无意看到了栩栩如生的植物绘画，立刻被吸引驻足。刚开始我以为这些画作是印刷品，当得知是手绘时，很是惊讶，便询问作者是谁。言谈举止优雅的当班女士微露得意的神情告诉我，作者就是植物园的工作人员。我急不可耐地询问能否和作者见面，她问明我的来意后说打个电话试试。不一会儿，只见一位朴素敦实的汉子沿着林间小路走来。我们由此一见如故，我们的友谊之旅也自此开启。后来我才知道，当班的女士是孙英宝老师的夫人。

　　再后来，我了解到孙英宝老师不仅是中国科学院的植物科学画师，还是我国植物分类学大家王文采院士的学术秘书。英宝老师致力于手绘植物科学画已经有二十多年，他的笔下传达出了植物生命的永恒，更把科学与艺术完美地结合在一起。英宝老师还创办了"植物科普大讲堂"等公益平台，常年奔走于大自然与学校之间，引导孩子们从小亲近自然、热爱自然。

　　2017 年年初，北京大学出版社成立"自然学校"并邀请英宝老师担任校长，这本书的出版事宜就是在那时候商议敲定的。本书中美轮美奂的植物科学画，全部都出自英宝老师之手。这些图画为书中的每一种香料植物都给出了"肖像"，既写实，又富于艺术的美感。

　　为了让读者更直观地看到香料植物在美食中的应用，责任编辑郭莉提出了一个好建议，即可以在书中加上相应菜品照片作为补充。于是我向国内几十家餐饮企业和个人发出邀请，在他们的无私帮助下，终于集齐了适合书中内容的精美照片。

在临近出版的几个月里，我们三人反复磋商、讨论，甚至为了小小的细节而争论不休。虽然各自站在不同角度，但看的是同一个方向，即出版一部有价值的佳作。

如今，《香料植物之旅》终于要出版。在此，除了要感谢英宝老师和郭莉编辑的辛劳外，还要隆重感谢为本书做出贡献的一些人士。

首先是中国博物学文化倡导者、北京大学哲学系的刘华杰教授。2015 年 11 月，我有幸参加了在北京大学举办的首届博物学论坛。2016 年，拙著《滇香四溢·香草篇》出版，刘华杰老师慨然写下序言，激励了我在博物的路上不断探索前行。当他得知《香料植物之旅》即将付梓时，在百忙中抽出时间再次作序，为本书极大地增色，在此深表谢意！

还要感谢的是再一次为我写序的、世界御厨协会的创

始人吉尔·布拉卡尔（Gilles BRAGARD）先生。我作为
该协会的中国会员，与这位法国忘年交有近三十年的友谊。
四十五年来，他致力于为服务各国元首的厨师长搭建交流
和友谊的桥梁，并以此平台完成了不凡的公益事业。同时
也要感谢巴黎大区工商会的徐欣女士把这篇热情洋溢的法
文序言"信、达、雅"地译成中文。

　　凤凰卫视《文化大观园》《世纪大讲堂》等栏目的总策
划和主持人王鲁湘先生，虽与我仅一面之缘，却欣然提笔
为序。作为著名文化学者，他从历史和文化的角度阐述了
香料与人类的关系。在此诚挚地感谢！

　　为本书作序的还有我的另外一位老朋友——《环球美
味》杂志的出版人徐正纲（Ricky Xu）先生。该杂志是国内
唯一的中英文双语美食期刊。这位来自加拿大的华裔友人
于二十年前来到北京，以传播国际美食文化为己任。十年
前，我在该杂志开辟专栏，累计写下介绍香草与香料的文
章近百篇，每次都是他帮助译成英文。

最后要感谢的是为本书提供菜品照片的各省市餐饮界的朋友们，他们在短时间内无条件地急我所急，按照我的要求寻找资料，或者现拍照，有的朋友为了得到一张满意的照片，甚至拍了十几遍。他们使我深深地感受到朋友们的友情。我无以为报，只有以单列致谢的方式表示隆重而真挚的谢意！

由于笔者水平有限，书中内容难免会有纰漏，恳请读者批评指正！

徐　龙

致 谢

提供美食图片的企业及个人名录

（排名不分先后）

辛亚萍　福德汇·止观小馆（米其林一星餐厅）

张　嵩　福德汇·止观小馆·香料里餐厅，北京辽河渡口（辽宁
　　　　大厦店）

马　华　哈马尔罕·丝路美食

哈博洋　Ali Jiang 阿里疆·丝路美食

马小娟　西部马华美食庄园

杨艾军　云南省餐饮与美食行业协会

王国骅　三亚市烹饪餐饮行业协会

刘　岩　中国饭店协会酒店星厨委员会

杨国美　广西玉林香料协会

周　群　云南凯普农业投资有限公司

马志和　北京鸿云楼饭庄

王若冰　新疆一品东方宴餐饮服务有限公司

高小泉　新疆马仕玖煲餐饮管理有限公司

唐毅强　北京贵州大厦

吴俊霖　浙江世贸君澜大饭店风荷轩中餐厅

陈国清　海南三亚亚龙湾天域度假酒店

袁胤超　海南三亚半山半岛洲际度假酒店

颜廷立　山东济南颜家菜馆

刘克胜　湖北潜江虾皇实业有限公司

张伟利　北京菜适口烤鸭店

代忠义　吉林百年大冷面

王连生　阿曼小馆

孙红旗　安徽合肥山里俏饭庄

金　华　安徽合肥徽兴府

孙　启　北京湘君府

胡　勇　北京湘君府

刘　新　北京泓0871臻选云南菜餐厅（黑珍珠餐厅）

李　冬　京雅堂（米其林一星餐厅·黑珍珠餐厅）

柴　鑫　乡味小厨（米其林一星餐厅·黑珍珠餐厅）

王太震　LU STYLE鲁采海鲜（米其林一星餐厅·黑珍珠餐厅）

古志辉　北京厨房（米其林一星餐厅·黑珍珠餐厅）

王昌荣　淮扬府（米其林一星餐厅·黑珍珠餐厅）

唐习鹏　唐瑞隆鱼头泡饭，馥天下烤鸭店

陈　庆　孔乙己尚宴

曹永福　泉味·道贵州厨房

庞新民　南北一家

王剑勇　绍拾叁·江浙菜馆

田世虹　北京肠王卤煮

罗智豪（Jimmy Loh）　福楼法餐厅 FLO（米其林餐厅·黑珍珠
　　　　餐厅）

叶　昕　La Chansonnière 兰颂餐厅

周　卫　老牌 LEGEND 餐吧

焦达峰　Meat Mate 鲜食肉铺

苑晓雷　Kitty&Daniel 大牛好莱坞餐吧

王　伟（Hüseyin Arslan）　Qubbe 酷贝土耳其餐厅

郝　婧　天津久悦·September 印度餐厅

苏铁峡　新七天咖啡厅

周　勇　辽宁营口凯伦咖啡

姜炳升　江户前寿司，叙上苑日式烧肉

王　辉　辉料亭日本料理

王海威　八甲田日式拉面

傅　炜　昆明怡景园度假酒店

张斌荣　北京融通西直门宾馆

王　瀛　北京方恒假日酒店

单　涛　北京泰富酒店

鄢　赪　云南鄢赪技能大师工作室

胡　含　厨梦人生美食工作室

王　然　王然创意美食设计工作室

扶　霞（Fuchsia Dunlop）英国美食作家，《鱼翅与花椒》著者

钟乐乐（Angel Zhong）美食达人，《天使厨房·四季西餐》著者

徐正纲（Ricky Xu）《环球美味》出版人

罗　云　专业美食摄影师

徐一唐　专业摄影师

李洪久　上海爱厨艺企业发展有限公司

王　磊　北京爱厨艺网络科技有限公司

柴欣欣　天津英鹏·柴氏制汤

李小杰　广东揭阳康美日用制品有限公司

王咏圣　上海智咏贸易有限公司

文　子　海南五指山南圣黎仙子山庄

韩　宇　沈阳原啤说麦酒酿造有限公司

关　超　沈阳器望进出口有限公司

按 APG 系统排序的植物科属索引

序号	中文科名	中文属名	香料名（植物名）	页码
1	柏科	刺柏属	杜松子（杜松）	60
2	五味子科	八角属	八角	1
3	三白草科	蕺菜属	鱼腥草（蕺菜）	285
4	胡椒科	胡椒属	荜拔	17
5	胡椒科	胡椒属	胡椒	88
6	胡椒科	胡椒属	假蒟	110
7	肉豆蔻科	肉豆蔻属	肉豆蔻	199
8	樟科	樟属	桂皮（天竺桂、川桂、柴桂等）	79
9	樟科	樟属	锡兰肉桂	235
10	樟科	月桂属	月桂叶（月桂）	290
11	樟科	木姜子属	木姜子	169
12	兰科	香荚兰属	香子兰（香荚兰）	255
13	鸢尾科	番红花属	番红花	65
14	石蒜科	葱属	洋葱	276
15	石蒜科	葱属	葱	44
16	石蒜科	葱属	韭葱	134
17	石蒜科	葱属	大蒜（蒜）	50

序号	中文科名	中文属名	香料名（植物名）	页码
18	石蒜科	葱属	细香葱（北葱）	241
19	石蒜科	葱属	韭菜（韭）	129
20	石蒜科	葱属	红葱［红葱（变种）］	83
21	姜科	山姜属	草豆蔻（海南山姜）	27
22	姜科	山姜属	高良姜	74
23	姜科	豆蔻属	草果	31
24	姜科	豆蔻属	白豆蔻	6
25	姜科	豆蔻属	砂仁	210
26	姜科	姜黄属	姜黄	119
27	姜科	绿豆蔻属	小豆蔻（绿豆蔻）	261
28	姜科	山奈属	沙姜（山奈）	205
29	姜科	姜属	姜	115
30	禾本科	香茅属	香茅（柠檬草）	250
31	豆科	甘草属	甘草	70
32	豆科	酸豆属	罗望子（酸豆）	159
33	豆科	胡卢巴属	胡卢巴	94
34	桃金娘科	蒲桃属	丁香（丁子香）	54
35	芸香科	柑橘属	青柠（来檬）	189
36	芸香科	柑橘属	柠檬	174
37	芸香科	柑橘属	陈皮（柑橘）	36
38	芸香科	花椒属	花椒	99
39	楝科	香椿属	香椿	246
40	山柑科	山柑属	刺山柑（山柑）	40

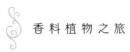

序号	中文科名	中文属名	香料名（植物名）	页码
41	十字花科	辣根属	辣根	139
42	十字花科	芸薹属	芥子（芥菜）	124
43	十字花科	芝麻菜属	芝麻菜	301
44	十字花科	山萮菜属	山萮菜	215
45	茄科	辣椒属	辣椒	144
46	芝麻科	芝麻属	芝麻	295
47	唇形科	薄荷属	薄荷	22
48	唇形科	罗勒属	罗勒	154
49	唇形科	牛至属	牛至	179
50	唇形科	紫苏属	紫苏	311
51	唇形科	鼠尾草属	鼠尾草	225
52	唇形科	鼠尾草属	迷迭香	164
53	唇形科	百里香属	百里香	12
54	菊科	蒿属	龙蒿	149
55	伞形科	莳萝属	莳萝	220
56	伞形科	芹属	芹菜（旱芹）	184
57	伞形科	芫荽属	芫荽	270
58	伞形科	鸭儿芹属	鸭儿芹	266
59	伞形科	孜然属	孜然（孜然芹）	306
60	伞形科	茴香属	茴香	104
61	伞形科	茴香属	球茎茴香	194
62	伞形科	水芹属	水芹	230
63	伞形科	欧芹属	洋香菜（欧芹）	281